喜马拉雅山脉北麓国道219沿线草地
常见植物图谱

主　编 ◎ 曲广鹏　周娟娟　赵磊磊　杨文才　金　涛
副主编 ◎ 钟志明　夏茂林　李争艳　魏　巍　刘云飞

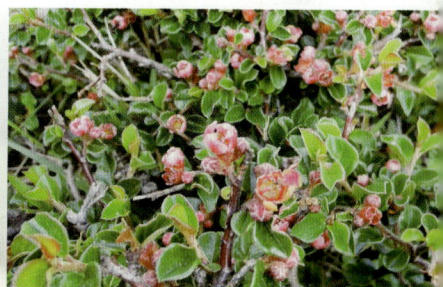

中国林业出版社
China Forestry Publishing House

图书在版编目（CIP）数据

喜马拉雅山脉北麓国道 219 沿线草地常见植物图谱 ／曲广鹏
等著． -- 北京 ： 中国林业出版社，2022.6
ISBN 978-7-5219-1748-2

Ⅰ．①喜… Ⅱ．①曲… Ⅲ．①草地—植物—西藏—图谱
Ⅳ．① Q948.527.5-64

中国版本图书馆 CIP 数据核字（2022）第 110754 号

策划编辑　　何鹏
责任编辑　　何鹏　　李丽菁

出版发行　　中国林业出版社
　　　　　　（100009，北京市西城区刘海胡同 7 号，电话 83143543）
电子邮箱　　cfphzbs@163.com
网　　　址　　www.forestry.gov.cn/lycb.html
印　　　刷　　三河市双升印务有限公司
版　　　次　　2022 年 6 月第 1 版
印　　　次　　2022 年 6 月第 1 次印刷
开　　　本　　787mm×1092mm　1/16
印　　　张　　15
字　　　数　　320 千字
定　　　价　　150.00 元

喜马拉雅山脉北麓国道219沿线草地常见植物图谱

编著委员会

顾　　问　　徐长林

主　　编　　曲广鹏　周娟娟　赵磊磊　杨文才　金　涛

副 主 编　　钟志明　夏茂林　李争艳　魏　巍　刘云飞

编著人员　　（按照姓氏笔画顺序）

马金英　孔　彪　土登群配　王小川　王　莉

王敬龙　孙　磊　张成福　张　强　白玛嘎翁

田莉华　边　普　多吉顿珠　刘海聪　刘　洋

朱　勇　陈少锋　宋天增　何冰梅　阿秀兰

陈晓英　陈　峰　杜文华　何学青　旦增塔庆

罗　增　武俊喜　信金伟　赵景学　姜　辉

夏　菲　顿珠加才　桑　旦　曹涵文　索朗拉姆

格桑尼玛　普布卓玛　普布次仁　程方方　斯确多吉

鲍宇红　廖阳慈　嘎尔玛·曲桑平措　魏学红

喜马拉雅山脉北麓国道219沿线草地

常见植物图谱

前　言

　　喜马拉雅山北麓在青藏高原南巅边缘，有世界上雄伟壮丽、形态多姿的冰塔林，是中国最长的高原河流——雅鲁藏布江的发源地。喜马拉雅山北麓219沿线主要包括西藏林芝市朗县，山南市隆子县、措美县、洛扎县，日喀则市康马县、岗巴县、定日县、昂仁县、萨嘎县、仲巴县，阿里地区普兰县、札达县等区域。

　　为进一步摸清喜马拉雅山北麓国道219沿线草地常见植物，编写组于2020—2021年开展野外实地调查，采集并鉴定了大量的植物标本，拍摄了各类植物照片，积累了第一手资料，为使科研人员、基层人员准确快速辨别植物，经过植物分类专家鉴定和编委会精心挑选，《喜马拉雅山脉北麓国道219沿线草地常见植物图谱》共收录喜马拉雅山脉北麓国道219沿线草地常见植物56科220种。被子植物各科顺序按照恩格勒系统排列，科内各属顺序参照《中国植物志》和《西藏植物志》，属内各种植物的形态特征、生境、海拔、分布地域和用途等均做了描述，全书图文并茂，直观易认，内容丰富，资料翔实。

　　本图谱内容注重与实际相结合，文字精练、通俗易懂、实用性强，是一本常见植物辨别技术指导读物，可供草学、生态学、畜牧学以及西藏草牧业生态、生产研究的科研人员、高校教师和研究生使用，也更加适合生态环境、生物多样性保护相关部门的技术人员参考。同时，本图谱也是指导农牧民群众方便地识别奇花异草的工具书，感受物种的丰富。西藏是植物世界的王国，让我们更好地利用和保护世界屋脊草原上的一草一木。

　　本书整理和出版过程中得到了甘肃农业大学徐长林教授的审阅和指导，在此表示感谢。由于编著者水平有限，书中难免有疏漏和错误，恳请专家、读者指正。

本书编委会
2021年12月

目　录

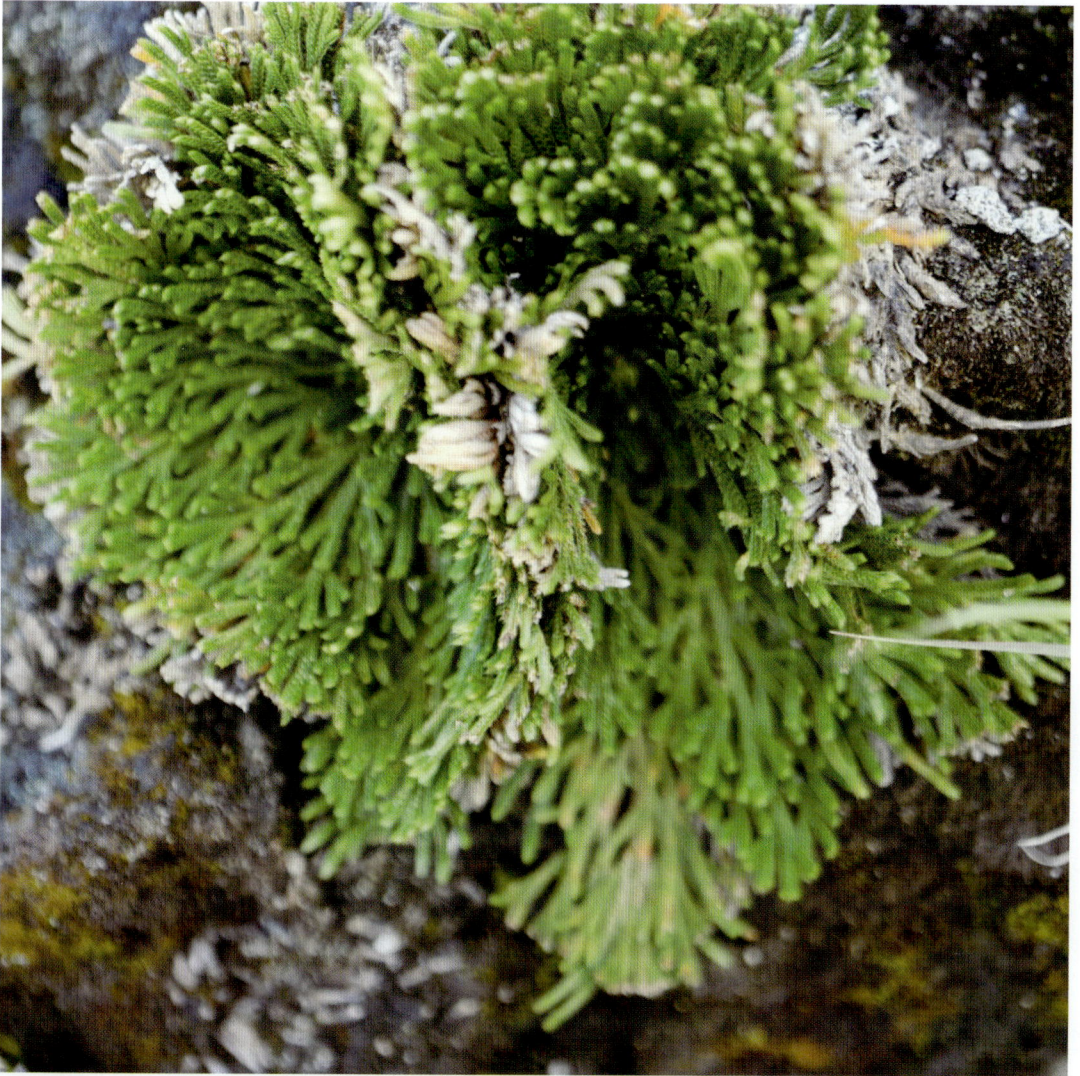

卷柏　*Selaginella tamariscina* (P. Beauv.) Spring

科名	卷柏科 Selaginellaceae	属名	卷柏属 *Selaginella*

植物学特性　多年生草本，高 5~13cm，石生，复苏植物，呈垫状。侧枝 2~5 对，二至三回羽状分枝；小枝扇形分叉，辐射开展，干时卷如拳。主茎上的叶较小，枝上的略大。

生境　山石缝中或石质山坡的苔藓中。

分布　拉萨、山南、日喀则等地。

用途　水土保持、固土；全草具有活血通经的功效，卷柏炭用于吐血、崩漏、便血、脱肛。

香柏 *Juniperus pingii* var. *wilsonii* (Rehder) Silba

科名 柏科 Cupressaceae	**属名** 刺柏属 *Juniperus*

植物学特性 匍匐灌木或灌木。枝条直伸或斜展，枝梢常向下俯垂。叶为刺形、3叶交叉轮生、背脊明显，生叶小枝呈六棱形，叶背棱脊明显或微明显，基部或中下部有无腺点或腺槽。球果卵圆形，长 6~8mm，直径 5~6mm，顶端圆，熟时黑色。

生境 高山地带；海拔 3600~4900m。

分布 西藏南部。

用途 枝叶煨桑用；可做景观植物；叶用于肾病、炭疽病；球果用于肝、胆、肺之热症，风寒湿痹。

裸茎瓶尔小草　*Ophioglossum nudicaule* L. f.

科名	瓶尔小草科 Ophioglossaceae	属名	瓶尔小草属 *Ophioglossum*

植物学特性　陆生小草本。根状茎短而直立，向四周伸展。叶通常单生，有 2~3 叶，营养叶卵状椭圆形或狭卵形，先端钝圆或急尖，基部楔形，下延，长 1.5~2cm，宽约 1cm，孢子叶从总柄部以上 5cm 处生出，无叶柄。

生境　高寒草坡或石质山坡。

分布　西藏广布。

用途　凉血、清热解毒、消肿止痛。

藏麻黄　*Ephedra saxatilis* Royle ex Florin

科名	麻黄科 Ephedraceae	属名	麻黄属 *Ephedra*

植物学特性　草本状小灌木，高 20~60cm。木质茎匍匐地面或埋于土中，地上无明显的主茎。枝条斜上或铺散灰绿色，绿色小枝纵槽纹明显。雄球花对生于节上，成熟雌球花浆果状，苞片肉质红色。种子常露出苞片外，卵圆形。

生境　山坡草地或干燥山坡；海拔 3600~4500m。

分布　西藏南部。

用途　治外感风寒表实症，治风寒袭肺、肺气不宣喘咳。

藏匐柳 *Salix faxonianoides* C. Wang et P. Y. Fu

科名　杨柳科 Salicaceae　　　　　　　　　　**属名**　柳属 *Salix*

植物学特性　矮小灌木，高约 40cm。枝平卧或上升，光滑，赤红色或暗红色。叶椭圆形或倒卵状椭圆形或有时近长圆形，先端钝基部圆形，上面绿色，下面苍白色，无毛，边缘有圆齿。花与叶同时生出，花序短圆形或椭圆形，花序着生于小枝的顶端。蒴果卵形或狭卵形，长 5mm。

生境　山坡灌丛；海拔 3600~3700m。

分布　西藏东部、南部沟谷。

用途　涵养水源。

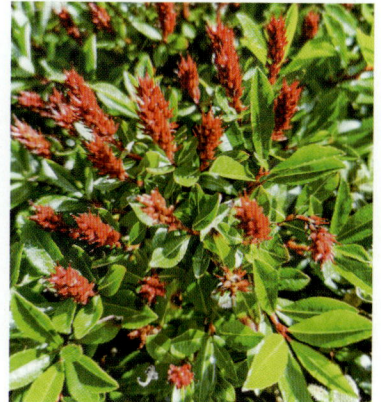

高原荨麻 *Urtica hyperborea* Jacq. ex Wedd.

科名 荨麻科 Urticaceae　　　　　　　　　　　**属名** 荨麻属 *Urtica*

　　植物学特性　多年生丛生草本，株高 40~80cm。下部圆柱形，上部近四棱形，常带紫色，茎具稍密刺毛和稀疏微柔毛。叶卵形，长 1.5~7cm，具 6~11 枚牙齿，上面有刺毛和稀疏糙伏毛，托叶每节 4 枚，离生，向下反折。花序短穗状，稀近簇生状，长 1~2.5cm。瘦果长卵形压扁。

　　生境　高山砾石地、岩缝或山坡草地；海拔 4200~5200m。

　　分布　西藏南部至北部。

　　用途　茎皮纤维可做纺织原料，也可制麻绳。

阴地冷水花 *Pilea pumila* var. *hamaoi* (Makino)C. J. Chen

科名	荨麻科 Urticaceae	属名	冷水花属 *Pilea*

植物学特性　多年生草本。茎高 20~50cm，下部常木质，多分枝。叶柄、叶片和花序梗密生柔毛。叶宽椭圆形，边缘具钝圆状牙齿，长 3~12cm，宽 2~9cm，基出 3 条脉，钟乳体细，线形，两面密布；叶柄长 1~4cm；托叶膜质，铁锈色，长圆形，长 5mm。

生境　林下阴湿处。

分布　错那、亚东、樟木等地。

用途　水土保持、固土；根、茎药用，有利尿解热和安胎之效。

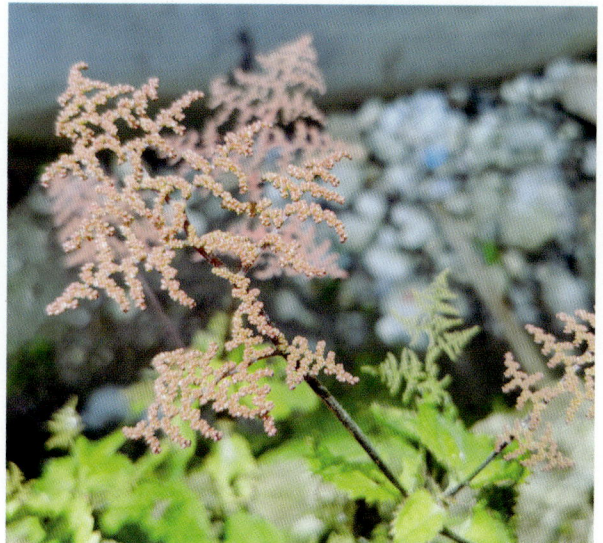

萹蓄 *Polygonum aviculare* L.

科名	蓼科 Polygonaceae	属名	蓼属 *Polygonum*

植物学特性 一年生草本。茎平卧，长 10~40cm，自基部多分枝，具棱。叶狭椭圆形，长 1~4cm，宽 3~12mm，叶柄极短或近无柄。花单生或 1~5 朵簇生于叶腋，遍布于全植株。瘦果卵形，具 3 棱。

生境 路旁或沟边湿地。

分布 西藏广布。

用途 利尿、清热、杀虫。

冰川蓼 *Polygonum glacialis* (Meisn.) H. Hara

科名 蓼科 Polygonaceae　　　　　　　　**属名** 蓼属 *Polygonum*

植物学特性　一年生矮小草本。茎细弱，自基部分枝，无毛，高 10~15cm；分枝极多，铺散。叶卵形或宽卵形，长 0.8~2cm，宽 6~10mm，无毛，顶端尖或钝，基部近截形或宽楔形。花序头状，较小直径 5~6mm，顶生或腋生，无叶状总苞。瘦果卵形，具 3 棱，黑色，无光泽，被颗粒状小点。

生境　山坡草地、山谷湿地或开垦草地；海拔 3800~4600m。

分布　西藏广布。

用途　可饲用。

酸模叶蓼 *Polygonum lapathifolia* (L.) S. F. Gray

科名 蓼科 Polygonaceae   **属名** 蓼属 *Polygonum*

植物学特性 一年生草本，高 40~90cm。茎直立，分枝，节部膨大。叶宽披针形，长 5~15cm，宽 1~3cm，基部楔形，上面绿色，在叶片中间常有一个大的黑褐色新月形斑点，托叶鞘顶端平截。总状花序呈穗状，顶生或腋生，近直立，花紧密，通常由数个花穗再组成圆锥状。

生境 路旁或沟边湿地；海拔 1800~3000m。

分布 喜马拉雅山脉沿线。

用途 利尿、消肿、止痛和止呕。

羽叶蓼 *Polygonum runcinata* (Buch.-Ham. ex D. Don) H. Gross

科名 蓼科 Polygonaceae   **属名** 蓼属 *Polygonum*

植物学特性 多年生草本。具有横走的根状茎；茎上升或平卧，高 30~50cm。叶大头羽裂长 4~8cm，宽 2~4cm，顶生裂片较大，三角状，顶端渐尖，侧生裂片 1~3 对；叶柄具翅，基部有叶耳。花序头状，直径 1~1.5cm，顶生，通常成对。瘦果卵形，具 3 棱，黑褐色。

生境 山坡林下、山坡草地及山谷。

分布 亚东、吉隆、聂拉木等地；海拔 2600~3600m。

用途 水土保持、固土；全草入药，清热解毒。

杠板归 *Polygonum perfoliatum* L.

科名　蓼科 Polygonaceae　　　　　　　　　**属名**　蓼属 *Polygonum*

　　植物学特性　一年生蔓生草本。茎多分枝，具纵条棱，沿棱具有倒生钩刺。叶三角形，基部截形或浅心形，长 3~5cm，宽 2~4cm，上边无毛，下面沿叶脉具倒生钩刺；托叶鞘叶片状，绿色，穿茎，圆形或椭圆形，直径 1~3cm。总状花序，顶生或腋生，花被 5 深裂，白色；花被片果期增大呈肉质，包被果实。瘦果球形，长 3~4mm，黑色有光泽。

　　生境　山石缝中或石质山坡的苔藓中。

　　分布　亚东、吉隆、定结等县；海拔 2500~3000m。

　　用途　水土保持、固土；茎叶供药用，有清热止咳、散瘀解毒、止痛的功效。

西伯利亚蓼 *Knorringia sibirica* (Laxm.) Tzvelev

科名 蓼科 Polygonaceae	**属名** 西伯利亚蓼属 *Knorringia*

植物学特性 多年生草本，高 10~25cm。根茎细长；茎基部分枝，长 5~13cm。叶长披针形，托叶鞘筒状，膜质。圆锥状花序顶生，通常每 1 苞片内具 4~6 朵花；花被 5 深裂，黄绿色。瘦果卵形，具 3 棱。

生境 河滩、沙质盐碱地或河谷湿地。

分布 西藏广布。

用途 利水渗湿、清热解毒，用于湿热内蕴之关节积液、腹水、皮肤瘙痒；阔叶类牧草。

细叶西伯利亚蓼 *Knorringia sibirica* subsp. *thomsonii* (Meisn. ex Steward) S. P. Hong

科名 蓼科 Polygonaceae 　　　　　　　　属名 西伯利亚蓼属 *Knorringia*

植物学特性　多年生草本，高 2~5cm。根茎细长；茎基部分枝，长 5~13cm。叶极狭窄，线形，宽 1.5~2.5mm；托叶鞘筒状，膜质。圆锥状花序顶生，花序较小；花被 5 深裂，黄绿色。瘦果卵形，具 3 棱。

生境　河滩、沙质盐碱地或河谷湿地。

分布　西藏广布。

用途　利水渗湿、清热解毒，用于湿热内蕴之关节积液、腹水、皮肤瘙痒；亦可饲用。

叉枝蓼 *Koenigia tortuosa* (D. Don) T. M. Schust. et Reveal

科名	蓼科 Polygonaceae	属名	冰岛蓼属 *Koenigia*

植物学特性　多年生半灌木，高 30~50cm。茎直立，红褐色，具叉状分枝。叶卵状或长卵形，长 1.5~4cm，宽 1~2cm，上面叶脉凹陷，下面叶脉突出，有时略反卷，呈微波状。花序圆锥状，顶生，花排列紧密；花被 5 深裂，白色。

生境　山坡草地、山谷灌丛或河滩砾石地；海拔 3600~4900m。

分布　西藏广布。

用途　种子具有祛寒、温肾功效，主治寒疝、阴囊出汗。

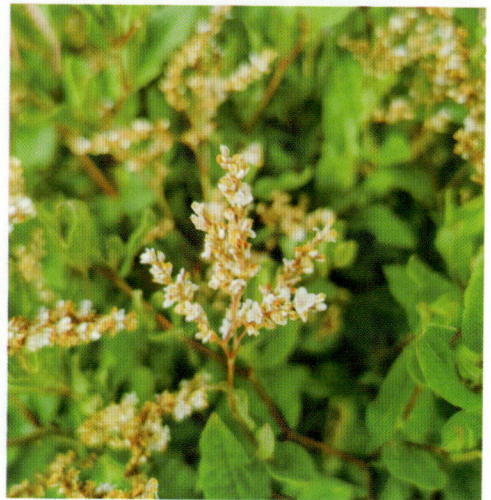

巴天酸模 *Rumex patientia* L.

科名 蓼科 Polygonaceae　　　　　　　**属名** 酸模属 *Rumex*

植物学特性　多年生草本，高 90~150cm。根肥厚。茎直立，粗壮，上部分枝，具深沟槽。基生叶长圆形或长圆状披针形，长 15~30cm，宽 5~10cm，顶端急尖，基部圆形或近心形，边缘波状；叶柄粗壮，长 5~15cm，托叶鞘筒状，膜质，长 2~4cm，易破裂。花序圆锥状，大型，花梗细弱。瘦果卵形，具 3 锐棱。

生境　路边村庄、沟边潮湿地。

分布　西藏广布。

用途　根、叶入药，具清热解毒、活血散瘀、止血、润肠之功效；亦可饲用。

滇边大黄 *Rheum delavayi* Franch.

| 科名 | 蓼科 Polygonaceae | 属名 | 大黄属 *Rheum* |

植物学特性　多年生矮小草本，高 10~28cm。茎直立，基部常暗紫。基生叶 2~4 片，叶片近革质，矩圆状椭圆形或卵状椭圆形，长 3~6cm，宽 2.5~5cm，基部近心形，全缘至不明显浅波状，基出脉 3~5 条。圆锥花序，窄长，花 3~4 枚簇生，边缘紫红色。

生境　高山石砾或高寒流石滩；海拔 3000~4800m。

分布　西藏东南部。

用途　地下根具有泻火凉血、清热解毒的功效。

掌叶大黄　*Rheum palmatum* L.

| 科名 | 蓼科 Polygonaceae | 属名 | 大黄属 *Rheum* |

植物学特性　多年生粗壮草本，高1.5m。叶长宽均 40~60cm，先端窄渐尖或窄尖，常掌状深裂，5 裂，每大裂片羽裂成窄三角形小裂片，叶柄与叶近等长，托叶鞘长达 15cm。圆锥花序，花梗长2~2.5mm，花被片 6，常紫红色。

生境　石质山坡；海拔 3000~4000m。

分布　西藏东部。

用途　地下根状茎具有泻下导滞、泻火凉血、行瘀破积、清热解毒的功效，治肠胃实热便秘、积滞腹痛。

喜马拉雅大黄 *Rheum webbianum* Royle

科名	蓼科 Polygonaceae	属名	大黄属 *Rheum*

　　植物学特性　多年生高大草本，高 0.5~1.0m。茎粗壮，中空。基生叶通常宽大于长，肾状心形或圆心形，长 20~25cm，宽 25~30cm，边缘具弱皱波。大型圆锥花序，具一至二回分枝。果实宽椭圆形，长 10~12mm，两端微凹，翅较宽，宽约 3.5mm。

　　生境　山坡地带；海拔 3500~4660m。

　　分布　西藏南部、西部。

　　用途　根可食用，具有泻火凉血、清热解毒的功效。

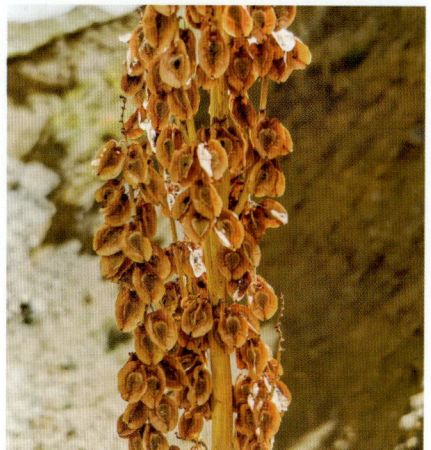

菱叶大黄 *Rheum rhomboideum* A.Los.

科名	蓼科 Polygonaceae	属名	大黄属 *Rheum*

植物学特性 矮生草本，高 10~15cm。无茎或比叶短。叶基生，菱形，长 15~20cm，宽 10~15cm，革质；基出脉 5~7 条，突出，叶柄粗壮。花序为穗状的总状花序，花密集，花被片紫红色，长 1.5~2mm；雄蕊 6~7。瘦果连翅近圆形，长 9~10mm，宽 13~15mm，顶端微凹，基部心形。

生境 山石缝中或石质山坡的苔藓中。

分布 康马、南木林、定日等县；海拔 4500~5400m。

用途 水土保持、固土；茎叶供药用，有清热止咳、散瘀解毒、止痛的功效。

驼绒藜　*Krascheninnikovia ceratoides* (L.) Gueldenstaedt

科名　藜科 Chenopodiaceae　　　　　　**属名**　驼绒藜属 *Krascheninnikovia*

植物学特性　小灌木，高 0.1~1m。分枝多集中于下部，斜展或平展。叶较小，条形、条状披针形，长 1~2cm，宽 0.2~0.5cm。雌雄同株或异样雄花数个簇生，在枝端集成穗状花序。

生境　戈壁、荒漠、半荒漠、干旱山坡或草原中。

分布　西藏西部。

用途　优良牧草。

藏虫实　*Corispermum tibeticum* Iljin

| 科名 | 藜科 Chenopodiaceae | 属名 | 虫实属 *Corispermum* |

植物学特性　一年生草本，高 3~20cm。分枝集中于茎基部，全株被柔毛。叶条形，长 2~3.5cm。穗状花序顶生和侧生，圆柱状，细长，稀疏；苞片由叶状过渡成狭卵形，1 脉。

生境　沙地或河漫滩；海拔 3600~4500m。

分布　西藏中部、南部。

用途　冬季饲用；主治小便不利、热淋、黄疸。

菊叶香藜 *Dysphania schraderiana* (Roem. et Schultes) Mosyakin et Clemants

科名	藜科 Chenopodiaceae	属名	刺藜属 *Dysphania*

植物学特性　一年生草本，高 10~60cm，有强烈气味，全株有节的疏生短柔毛。茎直立。叶片矩圆形，长 2~6cm，宽 1.5~3.5cm，边缘羽状浅裂，先端钝或渐尖；背面通常有具刺状突起的纵隆脊并有短柔毛和颗粒状腺体。胞果扁球形。

生境　林缘草地、村庄附近或田边。

分布　西藏全境。

用途　用于痛经、闭经。

灰绿藜　*Oxybasis glauca* (L.) S. Fuentes, Uotila et Borsch

科名	藜科 Chenopodiaceae	属名	红叶藜属 *Oxybasis*

植物学特性　一年生草本，高 20~40cm。茎平卧或外倾，具条棱。叶片披针形，长 2~4cm，宽 6~20mm，肥厚，上面无粉，平滑，下面有粉而呈灰白色，中脉明显，黄绿色。

生境　农田、菜园、村房、水边等有轻度盐碱的土壤上。

分布　西藏全境。

用途　适应盐碱生境的先锋植物；作为饲料添加剂和人类食品添加剂。

反枝苋 *Amaranthus retroflexus* L.

科名	苋科 Amaranthaceae		属名	苋属 *Amaranthus*

植物学特性 一年生草本，高 20~80cm。茎直立，粗壮，单一或分枝，淡绿色，有时具带紫色条纹，稍具钝棱，密生短柔毛。叶片菱状卵形或椭圆状卵形，长 5~12cm，宽 2~5cm，顶端锐尖，全缘或波状缘，两面及边缘有柔毛，下面毛较密；叶柄长 1.5~5.5cm。圆锥花序顶生及腋生，直径 2~4cm。种子近球形，直径 1mm，棕色或黑色，边缘钝。

生境 园内、农地旁、村宅附近的草地。

分布 拉萨、山南。

用途 家畜饲料；全草药用，治腹泻、痢疾、痔疮肿痛出血等症。

马齿苋　*Portulaca oleracea* L.

| 科名 | 马齿苋科 Portulacaceae | 属名 | 马齿苋属 *Portulaca* |

植物学特性　一年生草本，全株无毛。茎平卧或斜倚，伏地铺散，多分枝，圆柱形，长 10~15cm，淡绿色或带暗红色。叶互生，有时近对生，叶片扁平、肥厚、倒卵形，似马齿状，长 1~3cm，宽 0.6~1.5cm，顶端圆钝或平截，有时微凹，基部楔形，全缘，上面暗绿色，下面淡绿色或带暗红色，叶柄粗短。花无梗，常 3~5 朵簇生，叶状，膜质，近轮生；萼片 2，花瓣 5，黄色。蒴果卵球形。

生境　农田、路旁。

分布　拉萨、林芝。

用途　饲用；全草供药用，有清热利湿、解毒消肿、消炎、止渴、利尿功效。

隐瓣蝇子草 *Silene gonosperma* (Rupr.) Bocquet

科名	石竹科 Caryophyllaceae	属名	蝇子草属 *Silene*

植物学特性　多年生草本。茎高 20~40cm，疏丛生或单生，不分枝，密被柔毛。基生叶莲座状，线状倒披针形，长 3~13cm，宽 0.3~1cm，基部渐窄成柄状，两面被柔毛；茎生叶 1~3 对，披针形，基部连合。花单生，俯垂；花萼囊状，口部缢缩，纵脉暗紫色，脉端不连接，花瓣紫色，内藏。

生境　高山草甸或高山砾石地；海拔 4000~5020m。

分布　西藏广布。

用途　清热解毒，利湿，平肝，主治湿热黄、咽喉肿痛、中耳炎。

垫状雪灵芝 *Eremogone pulvinata* (Edgew.) Pusalkar et D. K. Singh

| **科名** 石竹科 Caryophyllaceae | **属名** 老牛筋属 *Eremogone* |

植物学特性　多年生垫状草本。茎高 4~5cm，紧密丛生，由基部叉状分枝。叶坚硬，叶片钻状或卵状钻形，长 3~6mm，宽约 1mm，顶端锐尖呈刺状尖头。花单生枝端，较小，直径 6~7mm，花萼基部圆形而且增厚，花瓣白色，匙形，长 4~5mm，宽约 1.5mm。

生境　高山草甸或高山砾石地；海拔 4200~5020m。

分布　西藏南部。

用途　清热解毒，利胆退黄，通淋止痛。

青藏雪灵芝　*Eremogone roborowskii* (Maxim.) Rabeler et W. L. Wagner

科名　石竹科 Caryophyllaceae　　　　属名　老牛筋属 *Eremogone*

植物学特性　多年生垫状草本，高5~8cm。根粗壮木质化。叶片针状线形，长1~1.5cm。花单生枝顶；苞片线状披针形，长约5mm；花梗长0.5~1cm；花瓣5，白色，椭圆形，长约4mm；花丝短于花瓣。

生境　高山草甸、流石坡、砾石地或石缝中；4200~5100m。

分布　西藏东部。

用途　全株供药用，有滋补作用，能退烧、止咳、降压。

工布乌头 *Aconitum kongboense* Lauener.

科名	毛茛科 Ranunculaceae	属名	乌头属 *Aconitum*

植物学特性　茎直立，粗壮，高达 1~1.5m，不分枝
或分枝。叶心状卵形，3 全裂，长和宽均达 15cm，中央
全裂片菱形，基部狭楔形。总状花序长达 60cm，有多数
花，与分枝的花序形成圆锥花序；萼片内白色，外面萼片
具明显的紫色网状脉；上萼片盔形，具短爪。

生境　山坡草地或灌丛中。

分布　西藏东部。

用途　季节性毒草；块根泡酒后外搽可治跌打损伤、
毒虫咬伤。

光序翠雀花 *Delphinium kamaonense* Hunth.

科名　毛茛科 Ranunculaceae　　　　　**属名**　翠雀属 *Delphinium*

植物学特性　多年生草本。茎高约
35cm，茎枝被反曲和开展的白色柔毛。
基生叶和近基部叶有稍长柄；叶片圆五角
形，宽 5~6.5cm，3 全裂近基部，全株被
白色短毛。花序通常复总状，有多数花；
基部苞片叶状，其他苞片狭线形或钻形；
花梗长 1.5~5cm，萼片深蓝色。

生境　山地草坡；海拔 3000~4100m。

分布　西藏东部。

用途　消肠炎、止腹泻，根部浸酒可
镇痛、除风湿，外敷疮癣。

石砾唐松草 *Thalictrum squamiferum* Lecoy.

科名	毛茛科 Ranunculaceae	**属名**	唐松草属 *Thalictrum*

植物学特性　植株全部无毛，被白粉。茎高 6~20cm，下部埋在石砾中，自露出地面处分枝。中部以上叶较密集，三至四回羽状复叶，叶片长 2~4cm，小叶无柄，革质。花单生叶腋，直径 4~7mm，花梗长 2~6cm，萼片 4，脱落，淡黄绿色，常带紫色，卵形，长 2~3mm，雄蕊 10~20，长约 6mm。瘦果椭圆状球形，长约 3mm，有 8 条纵肋，柱头宿存。

生境　生于多砾石山坡；海拔 4500~5100m。

分布　日喀则各县。

用途　固土；根作药用，治发烧等症。

疏齿银莲花　*Anemone geum* subsp. *ovalifolia* (Bruhl) R. P. Chaudhary

科名	毛茛科 Ranunculaceae	属名	银莲花属 *Anemone*

植物学特性　多年生草本，高10~20cm。基生叶 5~10，叶宽卵形，中央裂片大，3 浅裂，侧裂片较小。萼片 5，黄色，倒卵形，多心皮。瘦果狭卵形。

生境　高寒草甸或灌丛；海拔3500~5000m。

分布　西藏广布。

用途　用于治疗关节积黄水、黄水疮、慢性气管炎等症。

厚叶中印铁线莲　*Clematis tibetana* var. *vernayi* (C. E. C. Fischer) W. T. Wang

科名 毛茛科 Ranunculaceae	**属名** 铁线莲属 *Clematis*

植物学特性　多年生草质藤本。茎纤细，多分枝，近无毛或疏生短毛。一至二回羽状复叶；小叶有柄，2~3 全裂，中间裂片线状披针形，长 1~4.5cm，宽 0.2~1.5cm，基部楔形，全缘或有少数牙齿。聚伞花序腋生，通常为 3 花，有时单花；花序梗较粗，长 1.2~3.5cm；萼片 4，黄色，内面密生柔毛，边缘有密绒毛，狭卵形，长 1.2~2.2cm，宽 4~6mm。

生境　山坡、路旁或灌丛中。

分布　西藏广布。

用途　祛风除湿，通络止痛。

高原毛茛 *Ranunculus tanguticus* (Maxim.) Ovcz.

| 科名 | 毛茛科 Ranunculaceae | 属名 | 毛茛属 *Ranunculus* |

植物学特性　多年生草本。茎高 10~20cm，被柔毛，多分枝。基生叶 5~10，长 0.8~1.5cm，宽 1~2cm，基部心形，3 全裂，叶五角形或宽卵形，全裂片均二回细裂，小裂片线状披针形，茎生叶渐小。顶生花序 2~3 花；萼片 5，花瓣 5，黄色。瘦果小而多，卵球形。

生境　山坡或沟边沼泽湿地；海拔 3000~4500m。

分布　西藏广布。

用途　具消炎退肿、平喘、清热解毒之效，治淋巴结核等症。

三裂碱毛茛　*Halerpestes tricuspis* (Maxim.) Hand.-Mazz.

科名　毛茛科 Ranunculaceae　　　　**属名**　碱毛茛属 *Halerpestes*

　　植物学特性　多年生小草本。匍匐茎细，长达 25cm。叶革质，宽菱形，长 0.5~2.7cm，宽 0.4~2.8cm，3 中裂至 3 深裂。花单生，萼片卵状长圆形，花瓣 5，黄色或表面白色。聚合果近球形。

　　生境　盐碱性湿草地、死水塘；海拔 3000~5000m。

　　分布　西藏广布。

　　用途　全草治烧、烫伤。

鲜黄小檗　*Berberis diaphana* Maxim.

| 科名 | 小檗科 Berberidaceae | 属名 | 小檗属 *Berberis* |

植物学特性　多年生落叶灌木，高 1~3m。幼枝绿色，老枝灰色。茎具条棱，刺三分叉，粗壮，长 1~2cm，淡黄色。叶坚纸质，长圆形，长 1.5~4cm，宽 5~16mm。花 2~5 朵簇生，偶有单生；花黄色，花梗长 12~22mm；萼片 2 轮。浆果红色，卵状长圆形，长 1~1.2cm，直径 6~7mm。

生境　高山草甸、灌丛或山坡；海拔 3600~4200m。

分布　西藏中部。

用途　园林植物。

多刺绿绒蒿　*Meconopsis horridula* Hook. f. et Thoms.

科名	罂粟科 Papaveraceae	属名	绿绒蒿属 *Meconopsis*

植物学特性　一年生草本。全体被黄褐色、淡黄色、坚硬而平展的刺，刺长 0.5~1cm。叶全部基生，叶片披针形，长 5~12cm，宽约 1cm，先端钝或急尖，两面被黄褐色或淡黄色平展的刺。花葶 5~12，长 10~20cm，坚硬，绿色或蓝灰色；花瓣 5~8，蓝紫色。种子肾形，种皮具窗格状网纹。

生境　山坡草地或山坡石缝中；海拔 4100~5400m。

分布　西藏广布。

用途　观赏植物；药用有解热、止痛、接骨、活血化瘀的功效，用于治疗头伤、骨折、跌打损伤等。

细果角茴香 *Hypecoum leptocarpum* Hook. f. et Thoms.

科名　罂粟科 Papaveraceae　　　　　　**属名**　角茴香属 *Hypecoum*

植物学特性　一年生草本，略被白粉，高 4~20cm。茎丛生，铺散而先端向上。叶片狭倒披针形，长 5~20cm，二回羽状全裂，裂片 4~9 对。花瓣淡紫色或白色，外面 2 枚宽倒卵形，长 0.5~1cm，内面 2 枚 3 裂近基部。蒴果直立，圆柱形，长 3~4cm，在关节处分离，每节具 1 种子。

生境　山坡草地、砾石地；海拔 3700~5000m。

分布　西藏中西部。

用途　全草入药，治感冒、咽喉炎、急性结膜炎，还治头痛、四肢关节痛、胆囊炎，并能解食物中毒。

拟锥花黄堇　*Corydalis hookeri* Prain.

科名　罂粟科 Papaveraceae	属名　紫堇属 *Corydalis*

植物学特性　多年生丛生草本，高8~50cm。茎具叶，分枝。基生叶多数，长8~10cm；叶片二回羽状全裂，一回羽片约5~7枚，具短柄，二回羽片约3枚，顶生的较大，3裂，侧生的较小，2~3裂。复总状圆锥花序顶生，花污黄色，斜伸或平展，外花瓣渐尖，有鸡冠状突起。

生境　高山草原或流石滩；海拔4000~5000m。

分布　西藏西部和西南部。

用途　全草治血热病、肝胆实热、血热引起的头痛、高血压、偏瘫、跌打瘀痛。

头花独行菜　*Lepidium capitatum* Hook. f. et Thoms.

| 科名 | 十字花科 Cruciferae | 属名 | 独行菜属 *Lepidium* |

植物学特性　一年或二年生草本。茎匍匐或近直立，长达 20cm，多分枝。基生叶及下部叶羽状半裂，长 2~6cm，上部叶相似但较小，羽状半裂或仅有锯齿，无柄。总状花序腋生，花紧密排列近头状。短角果卵形，长 2.5~3mm，宽约 2mm。

生境　山坡；海拔 3600~4500m。

分布　拉萨南部。

用途　嫩叶可食用；供药用，有利尿、止咳、化痰功效。

菥蓂 *Thlaspi arvense* L.

科名	十字花科 Cruciferae	属名	菥蓂属 *Thlaspi*

植物学特性 一年生草本，高 9~60cm。茎直立，分枝或不分枝，具棱。基生叶倒卵状长圆形，长 3~5cm，宽 1~1.5cm。总状花序顶生；花白色，直径约 2mm。短角果倒卵形或近圆形，长 13~16mm，宽 9~13mm，扁平，顶端凹，边缘有翅宽约 3mm，黄褐色。

生境 平地路旁，沟边。

分布 拉萨、林芝。

用途 种子油供制肥皂，也做润滑油；还可食用；全草清热解毒、消肿排脓。

荠　*Capsella bursa-pastoris* (L.) Medic.

| 科名　十字花科 Cruciferae | 属名　荠属 *Capsella* |

植物学特性　一年或二年生草本，高10~50cm。茎直立，单一或从下部分枝。基生叶丛生呈莲座状，大头羽状分裂，长可达12cm，宽可达 2.5cm。总状花序顶生及腋生，花瓣白色卵形。短角果倒三角形或倒心形。

生境　田边及路旁；海拔 3000~4000m。

分布　拉萨、日喀则、山南、林芝。

用途　全草入药；茎叶做蔬菜食用；种子含油，供制油漆及肥皂用。

小花糖芥 *Erysimum cheiranthoides* L.

| 科名 | 十字花科 Cruciferae | 属名 | 糖芥属 *Erysimum* |

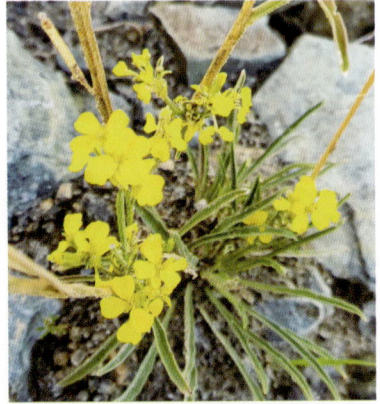

植物学特性　一、二年生草本，高 15~50cm。茎直立，从基部分枝，具 2~4 叉状毛。基生叶密莲座状，叶片窄倒披针形，长 20~30mm。总状花序有 10~20 花，花瓣淡黄色，直径约 10mm。长角果，侧偏，圆柱状或近圆筒状，长 2~4cm。

生境　干燥山坡或村旁荒地。

分布　拉萨、日喀则、山南。

用途　种子具有泻肺降气、祛痰平喘、利水消肿、泄热逐邪之功效。

高原芥 *Christolea crassifolia* Camb.

科名 十字花科 Cruciferae　　　　　　**属名** 高原芥属 *Christolea*

　　植物学特性　多年生草本，高 10~40cm，全株被无色单毛，很少无毛。茎直立，丛生。茎生叶肉质，形态与大小变化大，菱形、长圆状倒卵形、长圆状椭圆形以至匙形，长 1~3cm，宽 3~20mm，顶端具 3~5 个大齿，基部楔形渐窄。总状花序有花 10~25朵；结果时可伸长达 5~8cm；花瓣白色或淡紫色。长角果线形至条状披针形，长 1~2.3cm，宽 3~4.5mm。

　　生境　干旱砂质山坡；海拔 4000~4800m。

　　分布　西藏西部。

　　用途　饲用。

芝麻菜 *Eruca vesicaria* subsp. *Sativa* (Miller) Thellung.

科名	十字花科 Cruciferae	属名	芝麻菜属 *Eruca*

植物学特性 一年生草本，高 20~40cm。叶大头羽状浅裂。花黄色，有些褐色脉纹，总状花序；花瓣短倒卵形。长角果圆柱形或近椭圆形，有 4 棱，有白色反曲的绵毛。

生境 山坡草地。

分布 拉萨、日喀则。

用途 茎叶做蔬菜食用；亦可做饲料；种子可榨油，供食用及医药用。

播娘蒿 *Descurainia sophia* (L.) Webb ex Prantl

| **科名** 十字花科 Cruciferae | **属名** 播娘蒿属 *Descurainia* |

植物学特性　一年生草本，高 20~80cm。茎直立，分枝多，有叉状毛，下部常成淡紫色。叶为三回羽状深裂，长 2~12cm，末端裂片条形。花瓣淡黄色。长角果圆筒状，长 2.5~3cm，宽约 1mm。

生境　田野及农田。

分布　拉萨、日喀则、山南、林芝。

用途　种子可食用；亦可药用，有利尿消肿、祛痰定喘之效。

费菜 *Phedimus aizoon* (L.) 't Hart

科名	景天科 Crassulaceae	属名	费菜属 *Phedimus*

植物学特性 多年生草本，高 20cm。叶互生，卵状倒披针形，长 1~3.5cm，宽 1.2~3cm，基部楔形，边缘有不整齐的锯齿；叶坚实，近革质。聚伞花序有多花，萼片 5，线形，肉质，花瓣 5，白色。

生境 山脚石缝或林下石缝。

分布 拉萨、日喀则等。

用途 根或全草药用，有止血散瘀、安神镇痛之效。

四轮红景天　*Rhodiola prainii* (Hamet) H. Ohba

科名	景天科 Crassulaceae	属名	红景天属 *Rhodiola*

植物学特性　多年生小草本，高 8cm。花茎单生，直立；莲生叶 4 枚，轮生茎下部，叶长圆状椭圆形，长 2~6cm，全缘，无毛。伞房状花序或伞房状复二歧状花序，直径 1~4cm，花 13~18，顶生花瓣 5，花淡红色至红色。

生境　山脚石缝或林下石缝；海拔 3000~4300m。

分布　西藏南部。

用途　具有抗疲劳、抗缺氧、抗衰老的功效。

异鳞红景天 *Rhodiola smithii* (Hamet) S. H. Fu

| 科名 | 景天科 Crassulaceae | 属名 | 红景天属 *Rhodiola* |

植物学特性　多年生草本。基生叶鳞片状；花茎的叶互生，卵状线形，长7~14mm，钝，全缘。伞房状花序，花疏生，花瓣粉红色，花8~11。

生境　河滩砂砾地、石缝中；海拔4000~5000m。

分布　西藏中西部、南部。

用途　具有益气扶正、补肾温阳、化浊祛瘀、解热止痛、清肺止咳等功效。

高原景天 *Sedum przewalskii* Maxim.

科名	景天科 Crassulaceae	属名	景天属 *Sedum*

植物学特性　一年生草本。花茎直立，高 1~4cm，常自基部分枝。叶卵形，长 2~4.8mm，有截形宽距，先端钝。伞房状聚伞花序，花 3~7，花瓣 5，黄色。

生境　草地、砂质或河滩砾石地；海拔 2400~5400m。

分布　错那、察隅、朗县、达孜、拉萨、安多。

用途　具有抗疲劳、抗缺氧、抗衰老的功效。

镘瓣景天   *Sedum trullipetalum* Hook. f. et Thoms.

科名 景天科 Crassulaceae	**属名** 景天属 *Sedum*

　　植物学特性　多年生草本，无毛。花茎不分枝或由基部分枝，高 2.5~8cm。叶半长圆形至狭三角形，长 3~10mm，有 3 裂的宽距，先端渐尖。花序伞房状，紧密；花为不等的五基数，几无花梗；萼片半长圆形或长卵形，长 4~6.5mm，无距，先端渐尖，花瓣黄色，镘状，长 6~10mm，离生，下部狭爪状。

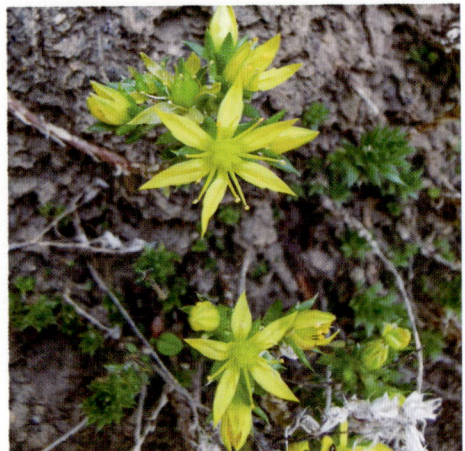

　　生境　山坡；海拔 2700~4200m。

　　分布　西藏南部（聂拉木、亚东、错那）。

　　用途　具有抗疲劳、抗缺氧、抗衰老的功效。

拟黄花虎耳草　*Saxifrage chrysanthoides* Engl. et Irm.

科名　虎尾草科 Saxifragaceae　　　　**属名**　虎耳草属 *Saxifrage*

　　植物学特性　多年生草本，高 3~8cm。基生叶多数丛生，无柄，近倒披针形，长 6mm，宽 1.5mm，边缘具短睫毛；茎生叶条状披针形，长 3~6mm。单歧聚伞花序，花生于茎顶，花 1~3，黄色，花梗短，具绣色柔毛。

　　生境　山坡或石缝隙；海拔 2700~5300m。

　　分布　拉萨、林芝、山南等地。

　　用途　观赏植物；具有祛风清热、凉血解毒的功效，主治小儿发热、咳嗽气喘。

鲜卑花　*Sibiraea laevigata* (L.) Maxim.

| 科名 | 蔷薇科 Rosaceae | 属名 | 鲜卑花属 *Sibiraea* |

植物学特性　多年生落叶灌木，高 1.0~1.5m。小枝粗壮，圆柱形，光滑无毛，幼枝紫红色，老秆黑褐色。叶在当年生枝条上多互生，在老枝上丛生，叶片线状披针形，长 4~6.5cm，宽 1~2.3cm，全缘，顶端急尖或凸尖，两面无毛，叶柄不显，无托叶。顶生穗状圆锥花序，长 5~8cm，直径 4~6cm，花梗长约 3mm，总花梗与花梗不具毛，花瓣白色，倒卵形。蓇葖果。

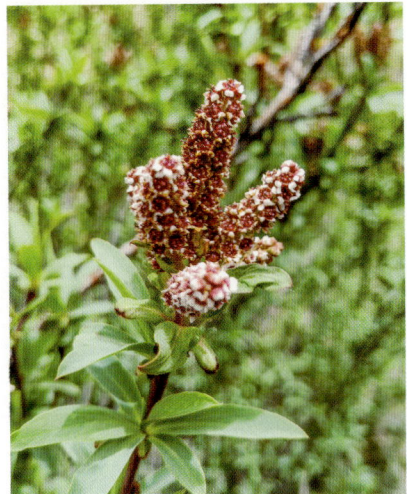

生境　草甸灌丛；海拔 3500~4500m。

分布　拉萨、日喀则、昌都、那曲东部。

用途　具消食理气、祛风寒等功效。

高山绣线菊 *Spiraea alpina* Pall.

科名 蔷薇科 Rosaceae   **属名** 绣线菊属 *Spiraea*

植物学特性 多年生落叶灌木，高 50~120cm。枝条直立或开张，小枝有明显棱角，幼时被短柔毛，红褐色，老时灰褐色。叶片多数簇生，线状披针形，长 7~16mm，宽 2~4mm，叶柄甚短。伞形总状花序，具短总梗，花白色，有花 3~15 朵，花梗长 5~8mm。蓇葖果张开。

生境 向阳坡地或灌丛中；海拔 3500~4500m。

分布 拉萨、日喀则、昌都、那曲东部。

用途 观赏；涵养水源。

匍匐栒子 *Cotoneaster adpressus* Bois

| 科名 | 蔷薇科 Rosaceae | 属名 | 栒子属 *Cotoneaster* |

植物学特性　落叶匍匐灌木。茎不规则分枝，平铺地面，枝条红褐色至暗褐色。叶片宽卵形，长 5~15mm，宽 4~10mm；叶柄长 1~2mm。花 1~2 朵，粉红色，几无梗，直径 7~8mm。梨果近球形，鲜红色。

生境　山坡及岩石山坡；海拔 2000~4000m。

分布　西藏东部、南部。

用途　观赏；果实可食用。

西北栒子 *Cotoneaster zabelii* Schneid.

科名	蔷薇科 Rosaceae	属名	栒子属 *Cotoneaster*

植物学特性　落叶灌木，高达 2m。枝条细瘦开张，枝条深红色。叶片椭圆形至卵形，长 1.2~3cm，宽 1~2cm。花 3~5 朵成下垂聚伞花序。果实倒卵形至卵球形，直径 7~8mm，鲜红色，常具 2 小核。

生境　沟谷、灌丛或山谷；海拔 3700~4000m。

分布　西藏南部。

用途　果实可食用。

鸡冠茶 *Sibbaldianthe bifurca* (L.) Kurtto et T. Erikss.

科名 薔薇科 Rosaceae	属名 毛莓草属 *Sibbaldianthe*

植物学特性 多年生草本。花茎直立或上升，高 5~20cm，密被疏柔毛或微硬毛。羽状复叶，有小叶 5~8 对，最上面 2~3 对小叶基部下延与叶轴汇合，小叶片无柄，对生，先端圆钝或常 2 裂。伞房状聚伞花序，顶生，疏散；花直径 0.7~1cm，萼片卵圆形，顶端急尖，副萼片椭圆形，花瓣黄色，倒卵形。

生境 山坡草地、半干旱荒漠草原或退化草原。

分布 西藏广布。

用途 嫩叶可做饲草；入药有止血功效，主治功能性子宫出血、产后出血过多。

钉柱委陵菜 *Potentilla saundersiana* Royle.

科名 蔷薇科 Rosaceae   **属名** 委陵菜属 *Potentilla*

植物学特性 多年生草本。基生叶常五出，叶柄长 6~8cm，被绒毛或柔毛，小叶矩圆状倒卵形，长 1.5~3.5cm，基部楔形，边缘具缺刻状锯齿，有时浅裂，叶上面深绿色被柔毛或无毛，下面密被银白色绒毛或柔毛。花黄色。瘦果卵形。

生境 高寒灌丛或草甸；海拔 3000~5100m。

分布 西藏广布。

用途 清热解毒、止血、止痢；亦可饲用。

小叶金露梅 *Dasiphora parvifolia* (Fisch. ex Lehm.) Juz.

科名	蔷薇科 Rosaceae	属名	金露梅属 *Dasiphora*

植物学特性　落叶灌木，高 0.3~1.0m。树皮纵向片状剥落。分枝多，小枝灰色。叶为羽状复叶，小叶 5~9，长 6~12mm，宽 2~6mm，上面深绿色，具稀疏柔毛，下面密被灰白色丝状柔毛，披针形。顶生单花或数朵，花直径 1.5~2.5cm，花瓣黄色，宽倒卵形。

生境　高寒灌丛或多石山坡；海拔 4000~5000m。

分布　西藏广布。

用途　冬季叶和嫩枝可做饲草。

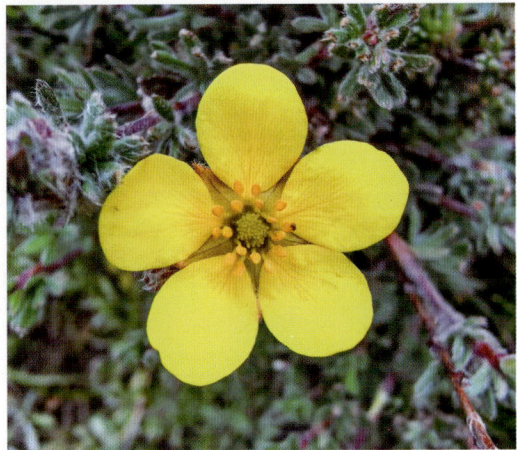

马蹄黄　*Spenceria ramalana* Trimen.

科名　蔷薇科 Rosaceae　　　　　　**属名**　马蹄黄属 *Spenceria*

植物学特性　多年生草本，全株密被白色长柔毛，高 18~32cm。茎直立，圆柱形，带红褐色，不分枝。基生叶为奇数羽状复叶，连叶柄长 4.5~13cm，小叶 13~21，长 6~8mm。总状花序顶生，具花 8~15，排列稀疏，花黄色，倒卵形。

生境　高寒草甸；海拔 3000~5000m。

分布　西藏中东部。

用途　根入药，解毒消炎，收敛止血、止泻、止痢。

砂生槐 *Sophora moorcroftiana* (Benth.) Baker.

科名　豆科 Leguminosae　　　　　　　　　**属名**　槐属 *Sophora*

　　植物学特性　小灌木，高约 1m。分枝多而密集，小枝密被灰白色柔毛。羽状复叶，托叶钻状，长 4~7mm，初时稍硬，后变成针刺状，宿存，小叶 11~19，长约 10mm，宽约 6mm。总状花序顶生，具多花，花萼蓝色，浅钟状，萼齿5，不等大，上方 2 齿近连合，花冠蓝紫色。

　　生境　河漫滩砂质地、石质干山坡；海拔2800~4400m。

　　分布　西藏中部、南部。

　　用途　具清肝泻火、凉血解毒之功效；蜜源植物；可做饲草。

毛荚苜蓿 *Medicago edgeworthii* Sirj. ex Hand.-Mazz.

科名	豆科 Leguminosae	属名	苜蓿属 *Medicago*

植物学特性　多年生草本，高 30~40cm。茎平卧，基部分枝。羽状三出复叶，小叶倒卵形或倒心形，长 6~10mm，宽 4~10mm。花序头状，花 2~3，花冠鲜黄色，花较小，长约 4mm。荚果长圆形，扁平，密被贴伏毛，脉纹细密横向。

生境　路旁或砾石地。

分布　西藏中部、南部。

用途　优质牧草。

川西锦鸡儿　*Caragana erinacea* Kom.

科名　豆科 Leguminosae　　　　　　　**属名**　锦鸡儿属 *Caragana*

　　植物学特性　灌木，高 30~60cm。老枝绿褐色或褐色，具黑色条棱。羽状复叶，小叶 2~4 对。花 1~4 朵簇生叶腋；花梗极短，花萼管状，长 0.8~1cm，花冠黄色，长 1.8~2.5cm，旗瓣中部及顶部呈橙红色。

　　生境　干旱山坡或山坡草地灌丛中；海拔 3600~4300m。

　　分布　西藏中部、南部。

　　用途　具滋补强壮、活血调经、祛风利湿的功效，用于高血压病、祛风活血、止咳化痰、头晕耳鸣、肺虚咳嗽、小儿消化不良；可做饲用。

团垫黄芪　*Astragalus arnoldii* Hemsl.

科名	豆科 Leguminosae	属名	黄芪属 *Astragalus*

植物学特性　多年生垫状草本，高 5~10cm。茎极短缩，多数，被灰白色毛。羽状复叶，小叶 5~7，托叶小；与叶柄贴生，小叶狭长圆形。总状花序的花序轴短缩，花 5~6，花萼钟状，长 2.5~5mm，密被黑白混生的伏贴毛。

生境　高寒山坡或河滩；海拔 4600~5100m。

分布　西藏广布。

用途　具益气固表、利水消肿之功效，治自汗、盗汗、浮肿、溃久不敛等症。

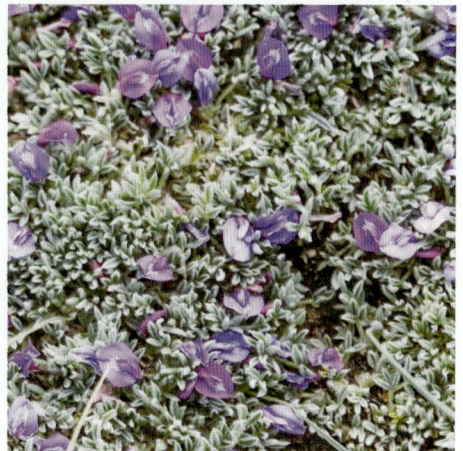

斜茎黄芪　*Astragalus laxmannii* Jacq.

科名　豆科 Leguminosae	属名　黄芪属 *Astragalus*

植物学特性　多年生草本，高 20~50cm。茎丛生，直立或斜上。羽状复叶，小叶 9~25，托叶三角形，渐尖，小叶长圆形，长 10~25mm，宽 2~5mm。总状花序，近头状，有多数花；花萼钟状，长 5~6mm，被黑毛，萼齿长为筒部的 1/3；花冠近蓝紫色或红紫色。

生境　高寒草原、农田或草地边缘。

分布　西藏广布。

用途　脱毒后做饲料；种子入药，为强壮剂，治神经衰弱。

地八角　*Astragalus bhotanensis* Baker

科名　豆科 Leguminosae	属名　黄芪属 *Astragalus*

植物学特性　多年生草本。茎直立、匍匐或斜生，长 30~50cm。羽状复叶，小叶 11~25。总状花序头状，8~12 花组成，花冠紫红色。荚果顶端具喙。

生境　山坡、路旁或多砾石地。

分布　西藏中部。

用途　有清热解毒、利尿的功效。

小叶棘豆 *Oxytropis microphylla* (Pall.) DC.

科名 豆科 Leguminosae		**属名** 棘豆属 *Oxytropis*	

植物学特性 多年生草本，灰绿色，高8~20cm，有恶臭。茎缩短，丛生，基部残存密被白色绵毛的托叶。轮生羽状复叶，长5~20cm；小叶 15~25 轮，每轮 4~6 片。花萼薄膜质，筒状，萼齿线状披针形，花多组成头形总状花序，花冠蓝色或紫红色。

生境 高寒荒漠化草原或多砾石地；海拔4000~5000m。

分布 西藏西部至西北部。

用途 有止血消炎、止泻镇痛之功效，可治黄疸、肝炎。

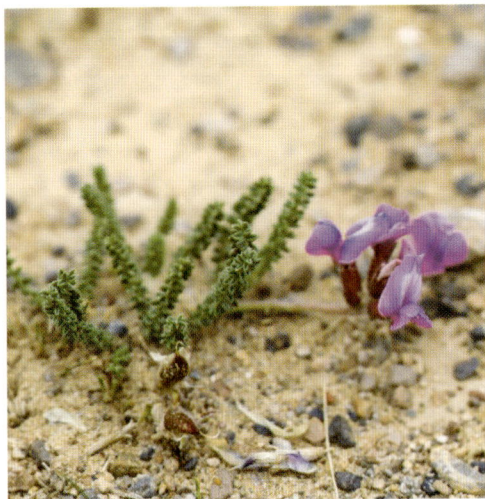

冰川棘豆 *Oxytropis proboscidea* Bunge

科名 豆科 Leguminosae   **属名** 棘豆属 *Oxytropis*

植物学特性 多年生草本，高 3~20cm。茎极缩短，丛生。羽状复叶长 4~10cm，托叶膜质，卵形，与叶柄离生，彼此合生，密被绢状长柔毛；叶轴具极小腺点；小叶 13~19。总状花序，6~10 花组成球形或长圆形，花冠紫红色。

生境 山坡草地、砾石山坡、河滩砾石地；海拔 4500~5300m。

分布 西藏西部。

用途 具有抗癌作用。

甘肃棘豆 *Oxytropis kansuensis* Bunge

科名	豆科 Leguminosae	属名	棘豆属 *Oxytropis*

植物学特性 多年生草本，高 10~20cm。基部分枝，茎细弱，直立，被生白色长柔毛，间有黑色短柔毛。羽状复叶，长 4~13cm，小叶 17~23，较小，长 5~13mm，卵状矩圆形或披针形。总状花序近头状，萼齿较萼筒短或近等长，长 3~4mm，花冠黄色，花序短而密。

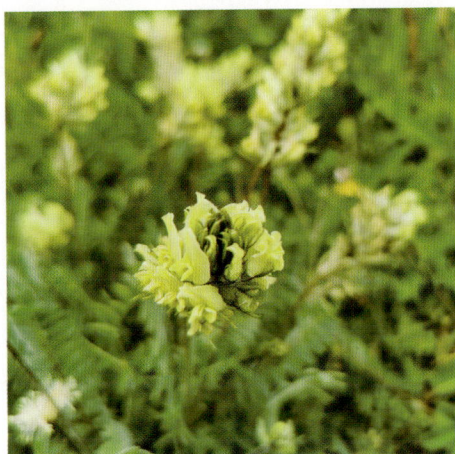

生境 高山草甸。

分布 西藏广布。

用途 治疗毒疮和脓肿等症状，具有清热解毒、活血化瘀、消炎止痛、止咳平喘等作用。

毛瓣棘豆 *Oxytropis sericopetala* Prain ex C. E. C. Fisch.

科名	豆科 Leguminosae	属名	棘豆属 *Oxytropis*

植物学特性 多年生草本，高 40cm，植株均密被白色绢质长柔毛。羽状复叶，长 7~15cm；托叶披针形，小叶 13~21。多花组成密穗形总状花序；花序梗长于叶；花冠紫红或蓝紫色。荚果卵状椭圆形，微膨胀。

生境 河滩砂地、沙丘或山坡草地；海拔3600~4450m。

分布 西藏南部。

用途 脱毒后做饲料。

藏豆 *Hedysarum tibeticum* (Benth.) B. H. Choi et H. Ohashi

科名 豆科 Leguminosae　　　　　　　**属名** 岩黄芪属 *Hedysarum*

植物学特性　多年生草本，矮小，高 3~6cm。茎短，被宿存托叶所包。奇数羽状复叶，长 4~8cm，簇生，托叶卵形，长 7~10cm，近合生抱茎，小叶 11~15。总状花序腋生花 3~6，花冠玫瑰紫或深红色。荚果两侧稍膨胀，边缘和两侧具刺，刺长 1~1.5mm，刺基扁平。

生境　高寒草原的沙质河滩或阶地。

分布　西藏广布。

用途　水土保持。

高山豆 *Tibetia himalaica* (Baker) Tsui

科名	豆科 Leguminosae	属名	高山豆属 *Tibetia*

植物学特性 多年生草本，高 5~10cm，植株被密毛。基数羽状复叶长 2~7cm，小叶 9~13，小叶先端通常圆或微缺，被贴伏长柔毛。伞形花序，花 1~3，花冠深蓝紫色，旗瓣卵圆形，先端微缺或深缺，长 6.5~8mm。

生境 高寒草地；海拔 3000~5000m。

分布 西藏东部和中部。

用途 优质饲草。

甘青老鹳草　*Geranium pylzowianum* Maxim.

科名	牻牛儿苗科 Geraniaceae	属名	老鹳草属 *Geranium*

植物学特性　多年生草本，高 10~20cm。叶具疏伏毛，肾状圆形，长 2~3.5cm，宽 2.5~4cm，掌状 5 深裂至基部，裂片倒卵形，1~2 次羽状深裂，小裂片宽条形。花梗长为叶片的 1.5~2 倍；花瓣紫红色，倒卵圆形，长为萼片 2 倍，先端平截。蒴果长 2cm。

生境　高寒灌丛或高寒草甸。

分布　西藏东部。

用途　全草入药，清热解毒、祛风活血。

蒺藜　*Tribulus terrestris* L.

科名	蒺藜科 Zygophyllaceae	属名	蒺藜属 *Tribulus*

植物学特性　一年生草本。茎平卧。偶数羽状复叶，长 1.5~5cm；小叶 6~14。花腋生，花梗短于叶，花黄色；萼片 5，宿存；花瓣 5。果实具大小不一的锐刺。

生境　沙地或路旁。

分布　拉萨、日喀则山、南等地。

用途　平肝解郁、活血祛风、明目、止痒，用于头痛眩晕、胸胁胀痛、风疹瘙痒，具有调节血脂、抗菌镇痛的功效；种子可榨油。

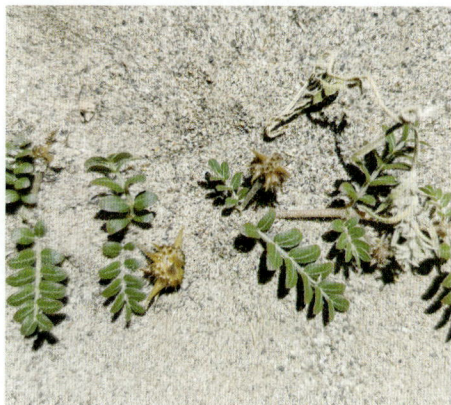

大狼毒 *Euphorbia jolkinii* Boiss.

| 科名 | 大戟科 Euphorbiaceae | 属名 | 大戟属 *Euphorbia* |

植物学特性　多年生草本，高 30~60cm。不育枝常发自基部。叶线形或卵形，变化极不稳定，长 2~7cm，宽 4~7mm，无叶柄。总苞叶 3~5 片，伞辐 3~5 片；苞叶 2 片；花序单生于二歧分枝顶端，总苞钟状，高约 3mm，边缘 5 裂。蒴果三棱状球形，长 5~6mm，具 3 纵沟花柱宿存；种阜盾状，无柄。

生境　山坡、林下。

分布　西藏中东部。

用途　根入药，具止血、消炎、祛风、消肿等功效。

黄苞大戟 *Euphorbia sikkimensis* Boiss.

科名	大戟科 Euphorbiaceae	属名	大戟属 *Euphorbia*

植物学特性　多年生草本，全株无毛。茎高达 50~80cm。叶互生，长椭圆形，全缘。总苞叶 5 片，次级总苞叶 3 片，苞叶 2 片，黄色；花序单生分枝顶端，梗长 2~3mm；总苞钟状，直径约 3.5mm，边缘 4 裂。

生境　疏林下或灌丛；海拔 600~4500m。

分布　西藏东南部至南部。

用途　观赏植物；药用，具止血、消炎等功效。

西藏大戟　*Euphorbia tibetica* Boiss.

科名	大戟科 Euphorbiaceae	属名	大戟属 *Euphorbia*

　　植物学特性　多年生草本。茎基部极多分枝，形成团丛状，分枝多直立或斜倚向上，纤细，高 10~15cm。叶互生，狭卵圆形，叶脉羽状，不明显；边缘全缘或具波状齿或具尖锐的细齿。花序单生；总苞陀螺状。种阜三角状，黄色，明显具柄。

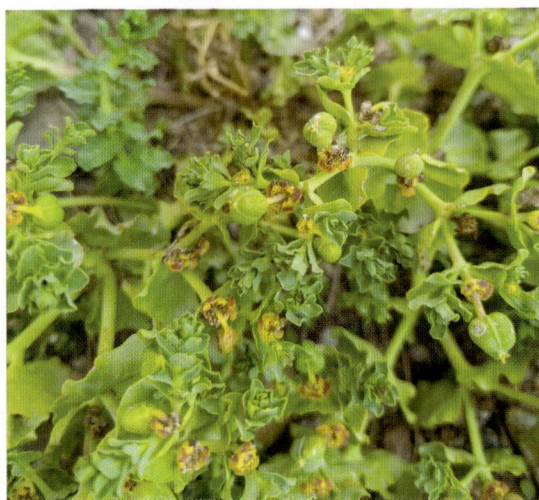

　　生境　沙质草地；海拔 4000~5000m。
　　分布　西藏北部至西北部。
　　用途　根入药，具止血、消炎、祛风、消肿等功效。

秀丽水柏枝 *Myricaria elegans* Royle

科名	柽柳科 Tamaricaceae	属名	水柏枝属 *Myricaria*

植物学特性　灌木，高 1~3m。老枝红褐色或暗紫色，当年生枝红褐色或绿色，光滑，有条纹。叶较大，长椭圆形，长 5~15mm，宽 2~3mm，先端钝或锐尖。总状花序常侧生，稀顶生；花瓣 5，倒卵形，白色、粉红色或紫红色；雄蕊 10，雄蕊略短于花瓣。

生境　河岸、湖边砂砾地；海拔 3000~4300m。

分布　西藏西北部。

用途　供建筑及做薪炭用。

三色堇 *Viola tricolor* L.

科名	堇菜科 Violaceae	属名	堇菜属 *Viola*

植物学特性　一、二年生草本，高 20~40cm。地上茎伸长。具开展而互生的叶；基生叶披针形，具长柄，茎生叶长圆状披针形。花直径 3.5~6cm，侧面和下方花瓣均有紫、白、黄三色，具紫色条纹。

生境　高寒草原、山地。

分布　拉萨。

用途　露天栽种可供观赏；清热解毒、散瘀、止咳、利尿，用于治疗咳嗽。

狼毒　*Stellera chamaejasme* L.

科名　瑞香科 Thymelaeaceae　　　　　属名　狼毒属 *Stellera*

植物学特性　多年生草本，高 15~30cm。有粗大的圆柱形木质根状茎，茎直立，丛生，不分枝，纤细，绿色，有时带紫色。叶互生，披针形至长圆状披针形，长 12~28mm，宽 3~10mm，全缘，无毛。头状花序顶生，具绿色总苞片，花粉白色，未开花时花蕾为粉红色，类似火柴头，开后为白色，花被筒细瘦，下部常为紫红色。果实圆锥形。

生境　高寒草原阳坡。

分布　西藏全境。

用途　可以杀虫；根入药，有祛痰、消积、止痛之功能，外敷可治疥癣；根及茎皮可造纸。

沼生柳叶菜 *Epilobium palustre* L.

科名	柳叶菜科 Onagraceae	属名	柳叶菜属 *Epilobium*

植物学特性 多年生草本。茎高达 70cm，圆柱状，自茎基部底下或地上生出纤细的越冬匍匐枝。茎基部的叶对生，上部的叶互生，条状披针形或近条形长 2~4cm，宽小于 1cm，边缘具疏齿。花序密被柔毛，花单生于枝条上部叶腋，粉红色，长 4~7mm，花被 4。蒴果圆柱形，具钝棱，长 3~9cm，被曲柔毛；种子近倒披针形棱形。

生境 高寒草甸湿润处或沼泽湿地；海拔 2500~4500m。

分布 西藏中东部、南部。

用途 根和全草理气活血、止血、骨折、跌打损伤，用于胃痛、食滞饱胀。

杉叶藻 *Hippuris vulgaris* L.

科名	杉叶藻科 Hippuridaceae	属名	杉叶藻属 *Hippuris*

植物学特性　多年生水生草本。茎直立，多节，常带紫红色；上部不分枝，挺出水面，下部合轴分枝，沉水茎高 32~45cm，水面之上 15~30cm。叶 6~12，轮生，线形，长 1~2.5cm，宽 1~2mm。

生境　池沼、湖泊、溪流、江河两岸等浅水外；海拔 3000~4000m。

分布　拉萨、林芝、山南。

用途　禽类及草食性鱼类的饲料。

白亮独活　*Heracleum candicans* Wall. ex DC.

科名　伞形科 Umbelliferae	属名　独活属 *Heracleum*

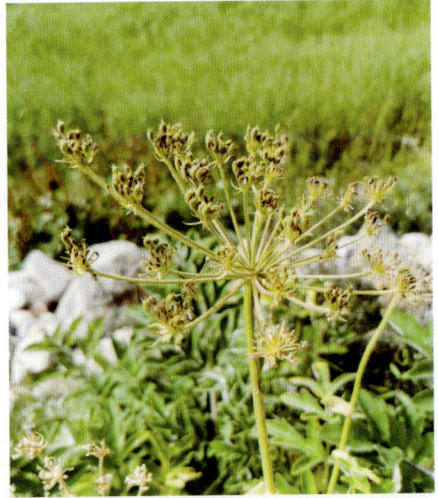

　　植物学特性　多年生草本，高达 100cm，植物体被有白色柔毛或绒毛。茎直立，圆筒形，中空，有棱槽。茎下部叶的叶柄长 10~15cm，叶片宽卵形，长 20~30cm，羽状分裂，下表面密被灰白色软毛或绒毛。复伞形花序顶生或侧生，花白色，花序梗长 15~30cm，伞形花序有花约 25 朵；伞辐24~30cm 不等长。果倒卵形，侧棱有宽翅，每棱槽油管 1 条。

　　生境　山坡林下及路旁；海拔 3400~4200m。

　　分布　拉萨、山南、日喀则。

　　用途　具治疗白癜风和止血等功效。

马醉木 *Pieris japonica* (Thunb.) D. Don ex G. Don

科名	杜鹃花科 Ericaceae	属名	马醉木属 *Pieris*

植物学特性 灌木，高 1~4m。树皮棕褐色，小枝开展，无毛。叶革质，密集枝顶，椭圆状披针形，长 3~8cm，宽 1~2cm，先端短渐尖，基部狭楔形。总状花序或圆锥花序顶生或腋生，长 8~14cm，直立或俯垂；花冠白色，坛状。

生境 灌丛中。

分布 西藏东南部。

用途 观赏植物；叶有毒，可做杀虫剂。

鳞腺杜鹃 *Rhododendron lepidotum* Wall. ex G. Don.

科名	杜鹃花科 Ericaceae	属名	杜鹃花属 *Rhododendron*

植物学特性 常绿小灌木，高 0.5~1.5m。叶薄革质，集生枝顶，变异极大，倒卵形、倒卵状椭圆形至披针形。花萼深 5 裂，裂片长 2~4mm；花色多变，淡红、深红至紫色、淡绿至黄色，花冠宽钟状，长 0.9~1.7cm；雄蕊 8~10，不等长，长于花冠。

生境 杜鹃灌丛或高寒灌丛草地；海拔 3000~4000m。

分布 西藏南部及东南部。

用途 观赏植物。

海乳草 *Lysimachia maritima* (L.) Galasso, Banfi et Soldano

科名 报春花科 Primulaceae   属名 珍珠菜属 *Lysimachia*

植物学特性 多年生草本，稍肉质。茎高达 25cm，直立或下部匍匐。叶交互对生或互生，近无柄；叶肉质，长圆形，长 0.4~1.5cm。花小，单生叶腋，花梗较短或近无梗，无花冠；花萼白色或粉红色，宽钟状，5 裂，长约 4mm。

生境 河漫滩盐碱地或湿地。

分布 西藏广布。

用途 中等饲用植物。

西藏点地梅 *Androsace mariae* Kanitz

科名 报春花科 Primulaceae　　　　　　**属名** 点地梅属 *Androsace*

　　植物学特性　多年生草本，高 4~10cm。叶丛通常形成密丛；叶 2 型；外层叶无柄，长 3~5mm，内层叶长 0.7~1.5cm。花葶高 2~8cm；花瓣裂片倒卵形，顶端钝圆；花梗被长柔毛；伞形花序，5~10 花，花冠粉红色或白色，直径 5~7mm。

　　生境　高寒草地、林缘或干燥砂石地；海拔3200~4500m。

　　分布　西藏广布。

　　用途　全草清热解毒，消炎止痛，主治咽喉炎、扁桃体炎、口腔炎、急性结膜炎、偏正头痛、牙痛、跌打损伤。

垫状点地梅　*Androsace tapete* Maxim.

科名 报春花科 Primulaceae		**属名** 点地梅属 *Androsace*	

植物学特性　多年生草本。株形为半球形的坚实垫状体。当年生莲座状叶丛叠生于老叶丛上，叶两型，外层叶卵状披针形或卵状三角形，长 2~3mm，较肥厚。花单生，无梗，包藏于叶丛中；花冠粉红色。

生境　砾石山坡河谷地或平缓山顶；海拔4500~5500m。

分布　西藏广布。

用途　具有祛风清热、消肿解毒的功效，全草煅烧成炭治肿瘤。

西藏报春 *Primula tibetica* Watt

科名 报春花科 Primulaceae	属名 报春花属 *Primula*

植物学特性 多年生小草本。莲座状叶丛，高 1~5cm，叠生，叶片卵形或匙形，长 10~30mm，宽 2~10mm，全缘。花葶自叶丛抽出，花 3~10 朵，生于花葶端；花萼裂片边缘无毛，花冠粉红色或紫红色，冠筒口周围黄色。

生境 沼泽化草甸或山坡阴湿草地；海拔 3200~4800m。

分布 西藏广布。

用途 观赏植物；花入药，清热燥湿、泻肝胆火、止血。

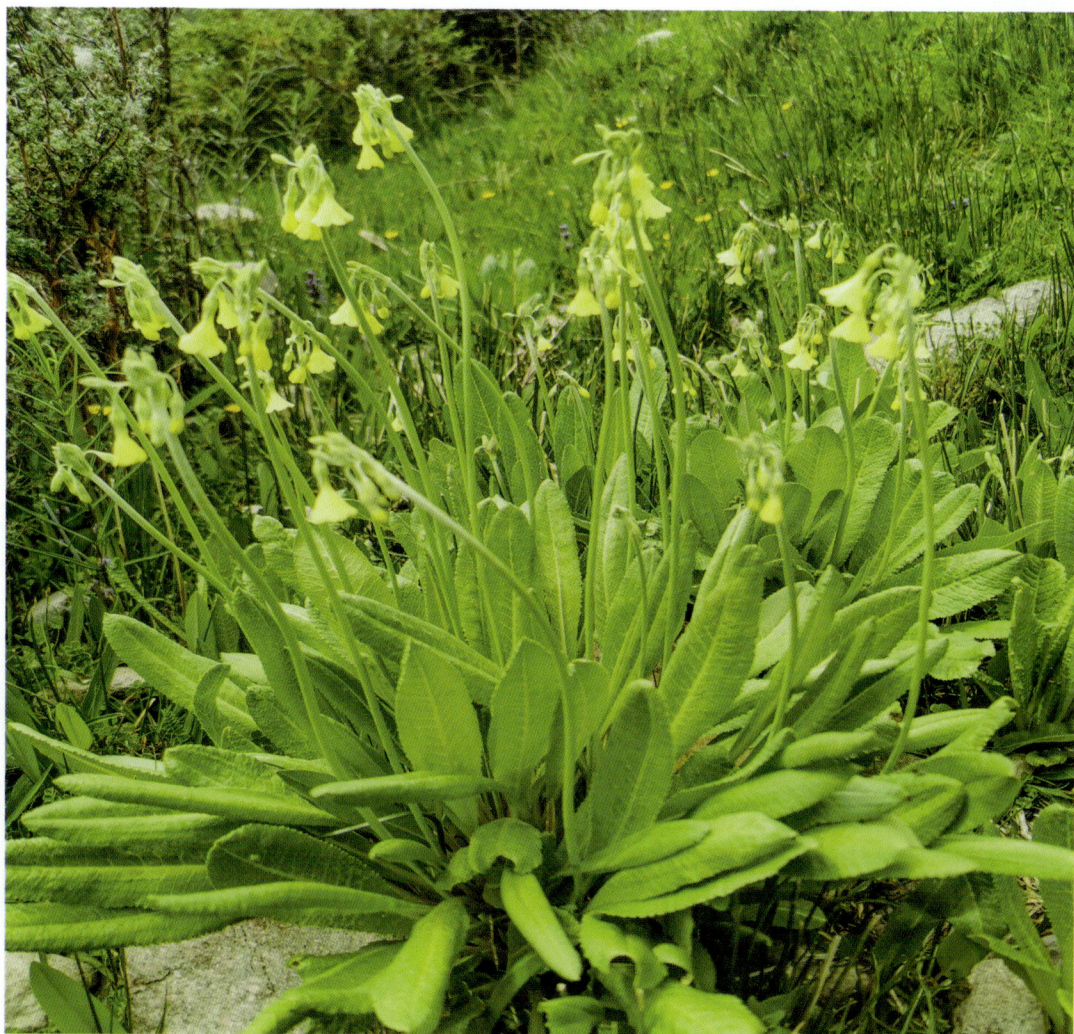

钟花报春 *Primula sikkimensis* Hook.

科名 报春花科 Primulaceae   **属名** 报春花属 *Primula*

植物学特性 多年生草本，高 30~70cm。叶丛高 10~30cm，叶长圆形或倒披针形，先端圆形或稍锐尖，基部渐窄。花葶高 15~60cm，顶端被黄粉；伞形花序，花萼钟状，花冠黄色，长 1.5~2.5cm。

生境 林缘湿地、沼泽草甸和水沟边。

分布 西藏广布。

用途 观赏植物。

小蓝雪花 *Ceratostigma minus* Stapf ex Prain

科名	白花丹科 Plumbaginaceae	属名	蓝雪花属 *Ceratostigma*

植物学特性　落叶灌木，高 0.3~1.5m。老枝红褐色至暗褐色，有毛或无毛，较坚硬，髓小；新枝密被白色或黄白色长硬毛而呈灰毛、灰褐色，罕为淡黄褐色，偶尔被毛稀少，长硬毛下部有一椭圆形膨大部，向上通常骤细而后渐尖，膨大部上常密被伸展的白毛呈辐射状，上方的尖瘦部有或无白毛，长硬毛之间有时杂有星状毛（具 3~6 射枝）；芽鳞小，鳞片状。

生境　生于干热河谷的岩壁和砾石或砂质基地上，多见于山麓、路边、河边向阳处。

分布　西藏东部。

用途　地下部分治疗风湿跌打、腰腿疼痛、月经不调等症。

鸡娃草　*Plumbagella micrantha* (Ledeb.) Spach

科名	白花丹科 Plumbaginaceae	属名	鸡娃草属 *Plumbagella*

植物学特性　一年生草本，高 10~55cm。茎直立，通常有 6~9 节，基节以上均可分枝，具条棱，沿棱有稀疏细小皮刺。叶长 2~7cm，宽 1~2.6cm，中部叶最大，下部叶片上部最宽，匙形至倒卵状披针形。花序长 0.7~2cm，通常含 4~12 个小穗，小穗含 2~3 花。种子红褐色。

生境　湿寒山区的山谷和山坡，细砂基质的路边、耕地和山坡草地。

分布　西藏南部至东南部。

用途　叶治疗癣疾。

皱叶醉鱼草 *Buddleja crispa* Benth.

科名 醉鱼草科 Buddlejaceae　　　　　**属名** 醉鱼草属 *Buddleja*

植物学特性　灌木，高 1~3m。幼枝钝四棱形，老枝圆柱形。叶片两面、叶柄和花序均密被灰白色绒毛或短绒毛；叶对生，叶片厚纸质，短枝叶椭圆形或匙形，长 1.5~20cm，宽 1~8cm，顶端渐尖，基部楔形或截形或心形，边缘具粗锯齿。圆锥状或穗状聚伞花序顶生或腋生；花冠高脚蝶状，淡紫色，近喉部白色。蒴果卵形。种子卵状长圆形。

生境　山地疏林或干旱沟谷灌木丛中；海拔 3600~4300m。

分布　拉萨、日喀则等地。

用途　观赏；全株有小毒。

粗壮秦艽　*Gentiana robusta* King ex Hook. f.

科名	龙胆科 Gentianaceae	属名	龙胆属 *Gentiana*

植物学特性　多年生草本，高 10~30cm，全株无毛。枝丛生，粗壮，斜上升。莲座丛叶狭椭圆形，茎生叶披针形，长 3.5~6.5cm，宽 0.7~1.7cm，先端急尖，叶脉 1~3 条。花多数，无梗，簇生于枝顶端成头状或腋生的轮状；花萼筒膜质，黄绿色，花冠黄白色或黄绿色，筒状钟形，长 2.1~3.8cm。蒴果内藏椭圆状披针形。

生境　山坡、地边、路旁及草甸；海拔 3500~4800m。

分布　西藏南部。

用途　具有清热利胆、舒筋止痛的功效，治疗赤巴病。

鳞叶龙胆　*Gentiana squarrosa* Ledeb.

科名	龙胆科 Gentianaceae	属名	龙胆属 *Gentiana*

植物学特性　一年生小草本，高 2~8cm。茎黄绿色，茎从基部多分枝，似丛生状，主茎不明显，铺散或斜升，少分枝。叶对生，茎上部的叶匙形至倒卵形，具软骨状质边，粗糙，顶端具芒刺，反卷。花小型，花冠绿蓝色，筒状漏斗形；花萼裂片外反或直立，卵形，基部明显收缩，花冠仅稍伸出花萼外。蒴果倒卵形，具长柄，外露。

生境　高寒草甸或灌丛；海拔 2200~4200m。

分布　西藏东南部。

用途　有清热利湿、解毒消痈之功效，主治咽喉肿痛、阑尾炎、尿血，外用治疮疡肿毒、淋巴结结核。

卵萼花锚　*Halenia elliptica* D. Don.

科名	龙胆科 Gentianaceae	属名	花锚属 *Halenia*

植物学特性　一年生草本，高 15~60cm。茎直立，无毛、四棱形。基生叶椭圆形，先端圆形或急尖呈钝头，基部渐狭呈宽楔形，全缘，长 2~3cm，宽 5~15mm，茎生叶卵状披针形，长 1.5~4cm，宽 0.5~2cm。聚伞花序腋生和顶生；花梗长短不相等，花冠蓝色或紫色。蒴果宽卵形。

生境　湿润农田边缘或沟谷水沟边；海拔 2900~4100m。

分布　西藏中东部。

用途　全草入药，清热利湿，可治急性黄疸型肝炎等症。

毛萼獐牙菜 *Swertia hispidicalyx* Burk.

科名 龙胆科 Gentianaceae　　　　　　　**属名** 獐牙菜属 *Swertia*

植物学特性　一年生草本，高 5~25cm。茎基部多分枝，铺散，斜升，四棱形，常带紫色。茎生叶无柄，披针形，叶及花萼裂片边缘被短硬毛。圆锥状复聚伞花序开展，多花，花梗长达 3.5cm；花 5 数；花冠淡紫色或白色，花萼绿色，短于花冠裂片卵形，长 1.1cm。蒴果卵形。

生境　高寒草原潮湿处、河边或高山草地；海拔 3400~5200m。

分布　西藏东南部至西部。

用途　清肝利胆、清热利湿。

欧洲菟丝子 *Cuscuta europaea* L.

科名	旋花科 Convolvulaceae	属名	菟丝子属 *Cuscuta*

植物学特性 一年生寄生草本。茎缠绕，带黄色或带红色，无叶。花多数，簇生成头状花序，花萼杯状，花冠未开放时呈淡红色，开花后白色，壶状或钟状，中部以下连合，三角状卵形，通常向外反折，宿存。蒴果近球形，上部覆以凋存的花冠，成熟时整齐周裂；种子通常4枚，淡褐色。

生境 路边草丛阳处或河边；寄生于菊科、豆科、藜科等草本植物上。

分布 西藏中部至南部。

用途 药用植物，种子有补肝肾、益精壮阳及止泻的功效。

菟丝子 *Cuscuta chinensis* Lam.

| 科名 | 旋花科 Convolvulaceae | 属名 | 菟丝子属 *Cuscuta* |

植物学特性   一年生寄生草本。茎缠绕，黄色，纤细，直径约 1mm。无叶。花序侧生，多花簇生成小伞形或小团伞花序，近于无总花序梗；花萼杯状，中部以下连合，裂片三角状，长约 1.5mm，顶端钝；花冠白色，壶形或钟状，长约 3mm。蒴果球形，全为宿存的花冠所包围，成熟时整齐地周裂。

生境   山坡阳处或路边灌丛；寄生于豆科、菊科、藜科等多种植物上。

分布   西藏中部至南部。

用途   种子药用，有补肝肾、益精壮阳、止泻的功效。

长花滇紫草
Onosma hookeri var. *longiflorum*（Duthie）A. V. Duthie ex Stapf

科名	紫草科 Boraginaceae	属名	滇紫草属 *Onosma*

植物学特性　高 20~30cm，被开展的白色硬毛及贴伏的伏毛。茎单一或数条丛生。基生叶倒披针形，长 5~15cm，茎生叶无柄，披针形或狭披针形。花序生于茎顶，花多数，排列紧密，圆锥花序，花冠长 25~30mm，筒状钟形，蓝色或紫红色，花丝着生花冠筒中部或稍上。

生境　山坡砾石地或干燥山坡；海拔 3020~4700m。

分布　仲巴、吉隆、江孜、拉萨、申扎至波密均有分布。

用途　根药用，具清热凉血、消肿解毒之功效。

丛茎滇紫草 *Onosma waddellii* Duthie

科名 紫草科 Boraginaceae　　　　　　　**属名** 滇紫草属 *Onosma*

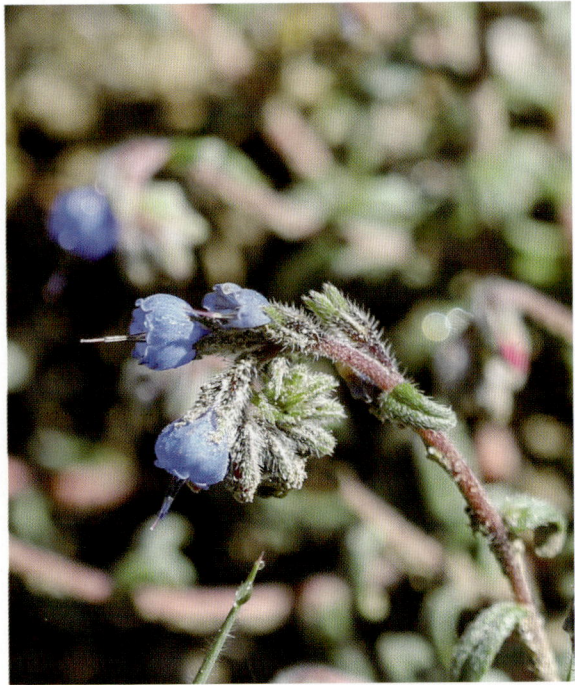

植物学特性 一、二年生草本，高 15~25cm。基部多分枝，被稠密伏毛及散生硬毛；茎单一或数条丛生，带红紫色，直立或斜升。叶披针形，长 1~3cm，宽 3~6mm，上面被向上贴伏硬毛及伏毛，下面密生伏毛。花序多数，生茎顶及枝顶；花冠天蓝色，筒状钟形，长 8~12mm，花药大部伸出花冠外，花冠内面在裂片之下有一行毛。小坚果淡黄色，具光泽。

生境 山坡草地或砾石地；海拔 3000~4000m。

分布 拉萨、札囊、乃东、加查、米林及林芝一带。

用途 饲草。

西藏微孔草 *Microula tibetica* Benth.

科名	紫草科 Boraginaceae	属名	微孔草属 *Microula*

植物学特性　茎缩短，高约 1cm；自基部有极短而密集的分枝，枝端生花序，疏被短糙毛。叶均平展并铺地面上，匙状矩圆形或匙形，长 3~13cm，宽 0.8~2.8cm，边缘近全缘或有波状小齿，两面疏生硬毛，并散生具基盘的短刚毛。花冠蓝紫色或白色，无毛。小坚果 4，卵形。

生境　高寒草原、河边沙滩或高山流石坡；海拔 4500~5300m。

分布　西藏西部、西北部。

用途　水土保持。

毛果草 *Lasiocaryum densiflorum*（Duthie）Johnst.

| 科名 | 紫草科 Boraginaceae | 属名 | 毛果草属 *Lasiocaryum* |

植物学特性 一年生小草本，高3~6cm。多分枝，有贴伏的短柔毛。茎生叶无柄或近无柄，卵形椭圆形或狭倒卵形，长5~12mm，宽2~5mm，两面有疏生短柔毛。聚伞花序生于枝顶，花序近总状，疏花，无苞片；花冠淡蓝色，长约2.5mm。小坚果，狭卵形，淡褐色。

生境 石质有皱褶山坡或山坡流沙地；4000~4500m。

分布 西藏南部。

用途 水土保持。

倒提壶 *Cynoglossum amabile* Stapf et Drumm.

科名　紫草科 Boraginaceae　　　　　**属名**　琉璃草属 *Cynoglossum*

植物学特性　多年生草本，高15~60cm。茎单一或数条丛生，全株密生白色柔毛。基生叶莲座状具长柄，长圆状披针形至卵状披针形；茎生叶同基生叶，无柄，叶长2~7cm，网状脉极明显。花序锐角分枝，分枝紧密，花冠蓝色。小坚果4，卵形，密生锚状刺。

生境　河岸路边及丛林下。

分布　西藏西南部至东南部。

用途　有利尿消肿及治黄疸之功效。

白苞筋骨草 *Ajuga lupulina* Maxim.

| 科名 | 唇形科 Labiatae | 属名 | 筋骨草属 *Ajuga* |

植物学特性　多年生草本，高 8~11cm。茎沿棱及节被白色、白黄色或绿紫色长柔毛。叶片披针状长圆形，长 5~11cm，宽 1.8~3cm。轮伞花序 6 至多花，苞叶比花大，白色、白黄色或绿紫色；苞叶通常与茎叶异形；花冠白色、白绿色或白黄色，具紫斑。

生境　高寒草原、河谷沙地或砾石地；海拔 3600~4500m。

分布　西藏北部、东部。

用途　具有止咳、祛痰、平喘和抑菌的作用。

蓝花荆芥　*Nepeta coerulescens* Maxim.

科名	唇形科 Labiatae	属名	荆芥属 *Nepeta*

植物学特性　多年生草本。茎高25~42cm，茎被短柔毛。叶披针状长圆形，长 2~5cm，宽 0.9~2.1cm，先端尖。轮伞穗状花序，卵球形，长3~5cm，上唇 3 齿，宽三角状披针形，下唇 2 齿，线状披针形；花冠蓝色，长 1~1.2cm。

生境　山坡上或石缝中；海拔3300~4400m。

分布　西藏南部。

用途　有强烈香气，主要以鲜嫩的茎叶做蔬菜食用。

甘青青兰　*Dracocephalum tanguticum* Maxim.

| 科名　唇形科 Labiatae | 属名　青兰属 *Dracocephalum* |

植物学特性　多年生草本，有臭味。茎直立，钝四棱形，高 35~55cm。叶具柄，柄长 3~8mm，叶片轮廓椭圆状卵形，羽状全裂，裂片 2~3 对。轮伞花序生于茎顶部 5~9 节上，通常具 4~6 花，花冠紫蓝色至暗紫色。

生境　干燥河谷河岸；海拔 3600~4000m。

分布　西藏东南部至南部。

用途　全草入药，治胃炎、肝炎、头晕、神疲、关节炎及疖疮等症。

白花枝子花 *Dracocephalum heterophyllum* Benth.

科名　唇形科 Labiatae　　　　　　**属名**　青兰属 *Dracocephalum*

　　植物学特性　茎高达 15cm，四棱形，密被倒向微柔毛。叶片宽卵形，长 1.3~4cm，宽 0.8~2.3cm。轮伞花序生于茎上部叶腋，每轮具 4~8 花，花冠白色。

　　生境　半荒漠草原或多石地带。

　　分布　西藏广布。

　　用途　中等饲用植物；全草可治疗高血压、淋巴结核、气管炎等症。

皱叶毛建草 *Dracocephalum bullatum* Forrest ex Diels

科名 唇形科 Labiatae　　　　　　　　　**属名** 青兰属 *Dracocephalum*

植物学特性　多年生草本。茎 1~2 个，渐升或近直立，高 9~18cm，钝四棱形，密被倒向的小毛，红紫色。叶片坚纸质，卵形或椭圆状卵形，先端圆或钝，基部心形，长 2.5~5cm，宽 1.8~2.5cm，上面无毛，网脉下陷，下面带紫色，网脉突出。轮伞花序密集，花萼上唇 3 裂，下唇 2 裂；花冠蓝紫色，长 2.8~3.5cm，冠檐二唇形。

生境　石质草地或流石滩。

分布　西藏南部。

用途　具有解热消炎、凉肝止血的功效。

螃蟹甲 *Phlomoides younghusbandii*（Mukerjee）Kamelin et Makhm.

科名　唇形科 Labiatae   **属名**　糙苏属 *Phlomoides*

　　植物学特性　多年生草本。茎丛生，直立，不分枝，高 15~30cm。基生叶多数，披针状长圆形，长 5~9cm，宽 2~3.5cm，叶柄长 2~5cm，叶片具皱纹，上面被星状糙硬毛。轮伞花序多花，花萼管形，长 0.9~1cm，花冠长约 1.5cm，上唇长约 5mm，下唇长约 8mm。

　　生境　山坡草地、灌丛或田野；海拔 4300~4600m。

　　分布　西藏广布。

　　用途　块根入药，治感冒咳嗽、支气管炎等症。

独一味 *Phlomoides rotata* (Benth. ex Hook. f.) Mathiesen

科名 唇形科 Labiatae　　　　　　　　　　属名 糙苏属 *Phlomoides*

植物学特性 多年生无茎草本，高 2~10cm。叶片常 4 枚，贴生地面，辐状两两相对，菱状圆形、菱形、扇形，长 4~13cm，宽 4~12cm，边缘具圆齿，上面绿色，密被白色疏柔毛，具皱，下面较淡。轮伞花序密集排列成有短莛的头状或短穗状花序，长 2.5~7cm。

生境 高山草甸、砂石地或河滩地；海拔 2700~4500m。

分布 西藏广布。

用途 全草入药，治跌打损伤、筋骨疼痛、气滞闪腰、浮肿后流黄水、关节积黄水、骨松质发炎等症。

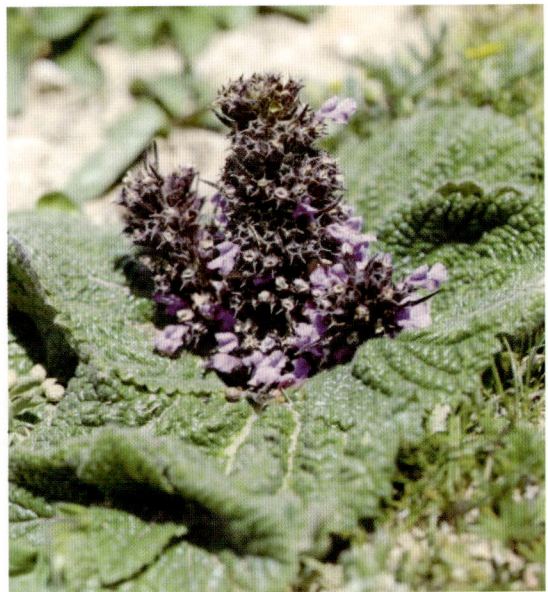

宝盖草 *Lamium amplexicaule* L.

科名　唇形科 Labiatae　　　　　　**属名**　野芝麻属 *Lamium*

植物学特性　一年生或二年生草本，高 30cm。茎基部多分枝，四棱形，具浅槽。叶圆形或肾形，长 1~2cm，半抱茎，边缘具极深的圆齿，两面疏被糙伏毛。轮伞花序具 6~10 花，花萼管状钟形，花冠紫红或粉红色。

生境　路旁、林缘；海拔 4000~4500m。

分布　西藏广布。

用途　清热利湿，活血祛风，消肿解毒，用于黄疸型肝炎、淋巴结结核、高血压、面神经麻痹等症，外用治跌打伤痛。

黏毛鼠尾草 *Salvia roborowskii* Maxim.

科名	唇形科 Labiatae	属名	鼠尾草属 *Salvia*

植物学特性 一年生或二年生草本，高达 30~90cm。茎多分枝，钝四棱形，具 4 槽，密被粘腺长硬毛。叶戟形，长 3~8cm，两面被糙伏毛，下面被淡黄色腺点。轮伞花序具 4~6 花，组成总状花序；花冠黄色，上唇三角状半圆形，具 3 短尖头，下唇具 2 三角形齿，先端刺尖长约 1mm。

生境 山坡草地，沟边荫处；海拔 3700~4200m。

分布 西藏广布。

用途 叶片具有杀菌灭菌、抗毒解毒、驱瘟除疫功效；可凉拌食用。

密花香薷 *Elsholtzia densa* Benth.

科名 唇形科 Labiatae   **属名** 香薷属 *Elsholtzia*

植物学特性 一年生或二年生草本，高 20~60cm。茎直立，茎及枝均四棱形，具槽，被短柔毛。叶长圆状披针形，长 1~4cm，宽 0.5~1.5cm，叶缘具锯齿，两面被短柔毛。穗状花序长圆形，长 2~6cm，宽 1cm，密被紫色串珠状长柔毛，由密集的轮伞花序组成；花冠小，淡紫色。

生境 农田田埂；海拔 3100~4100m。

分布 西藏广布。

用途 发汗解表、化湿和中、利水消肿，主治风寒感冒、水肿脚气等症。

毛穗香薷　*Elsholtzia eriostachya* Benth.

科名　唇形科 Labiatae　　　　　属名　香薷属 *Elsholtzia*

植物学特性　一年生草本，高 15~37cm。茎四棱形，常带紫红色，茎秆被白色柔毛。叶长圆形至卵状长圆形，长 0.8~4cm，宽 0.4~1.5cm，两面黄绿色，两面被小长柔毛。穗状花序圆柱状，长 1.5~5cm，花冠黄色，花萼外面密被黄色串珠状长柔毛。

生境　山坡草地；海拔 3500~4500m。

分布　拉萨、日喀则。

用途　发汗解表、化湿和中、利水消肿，主治风寒感冒、水肿脚气等症。

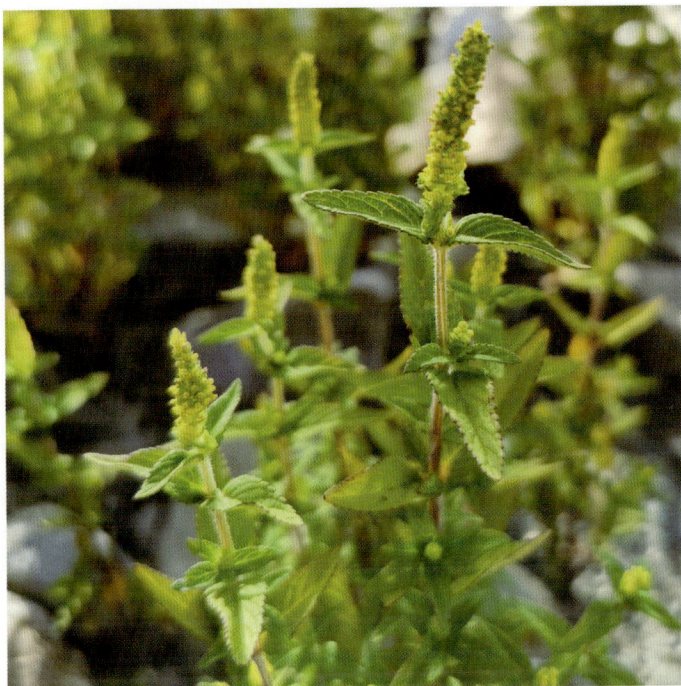

曼陀罗 *Datura stramonium* L.

科名	茄科 Solanaceae	属名	曼陀罗属 *Datura*

植物学特性　草本或半灌木，高50~150cm，全株近于平滑。茎粗壮，圆柱状，淡绿色或带紫色，下部木质化。叶卵形，顶端渐尖，基部不对称楔形，边缘有不规则波状浅裂，长8~17cm，宽4~12cm。花单生于叶腋，直立，有短梗；花萼筒状，长 4~5cm，筒部有 5 棱角，萼筒绿色；花冠漏斗状。蒴果直立生，卵状，长 3~4.5cm，直径 2~4cm，表面生有坚硬针刺或有时无刺而近平滑，成熟后淡黄色；种子卵圆形，稍扁。

生境　路边或草地上。

分布　拉萨、山南。

用途　药用，有镇痉、镇静、镇痛、麻醉的功效。

西藏脬囊草　*Physochlaina praealta*（Decne.）Mires

| 科名 | 茄科 Solanaceae | 属名 | 泡囊草属 *Physochlaina* |

植物学特性　多年生草本，高40~70cm。茎分枝，生腺质短柔毛。叶卵形或卵状椭圆形，长 4~7cm，顶端钝，基部楔形，全缘而微波状，叶柄长 1~1.5cm。花疏散生于圆锥状聚伞花序上，花萼短钟状，果时增大成筒状钟形，长 2.5~3.5cm，花冠钟状，淡黄色，带紫色条纹，雄蕊伸出花冠。蒴果矩圆形，长约 2cm。

生境　高寒荒漠化草原、河滩地或田边；海拔 4000~4300m。

分布　西藏西部和中部。

用途　具麻醉镇痛、解痉消肿的功效。

毛蕊花　*Verbascum thapsus* L.

科名　玄参科 Scrophulariaceae　　　　　**属名**　毛蕊花属 *Verbascum*

　　植物学特性　二年生草本，高达 1~1.5m，全株被密而厚的浅灰黄色星状毛。基生叶和下部的茎生叶倒披针状矩圆形，长 15cm，宽 6cm，叶基部下延成狭齿状。穗状花序圆柱状，长 30cm，直径 2cm，花密集，数朵簇生在一起；花梗很短，花冠黄色。

　　生境　山坡草地、多砾石草地；海拔 2000~3200m。

　　分布　西藏东南部。

　　用途　观赏；有降低血压之效。

齿叶玄参 *Scrophularia dentata* Royle ex Benth.

| 科名 | 玄参科 Scrophulariaceae | 属名 | 玄参属 *Scrophularia* |

植物学特性 半灌木状草本，高 20~50cm。茎近圆形，无毛。叶片轮廓为狭矩圆形至卵状椭圆形，长 1.5~5cm，疏具浅齿、羽状浅裂至深裂。顶生稀疏而狭的花序，长 5~20cm，圆锥状聚伞花序，有花 1~3 朵；花冠长约 6mm，暗紫红色，上唇色较深；花冠筒长约 4mm，球状筒形，上唇裂片扁圆形，下唇侧裂片长仅及上唇之半。蒴果球状卵形。

生境 山坡草地、河滩砾石地或沙地；海拔 4000~5000m。

分布 西藏西部、南部。

用途 清热解毒，用于天花、麻疹等高热传染病。

藏玄参　*Oreosolen wattii* Hook. f.

科名	玄参科 Scrophulariaceae	属名	藏玄参属 *Oreosolen*

植物学特性　多年生矮小草本，高 5cm，全体被粒状腺毛。叶对生，贴地，叶片大而厚，心形、扇形，长 2~5cm，边缘具不规则钝齿，网纹强烈凹陷。花萼裂片条状披针形，花冠黄色，长 1.5~2.5cm。蒴果卵球形。

生境　高寒草甸、山坡沙质草地；海拔 3000~5100m。

分布　西藏中部、北部。

用途　清热解毒、去肿化瘀、生津止渴。

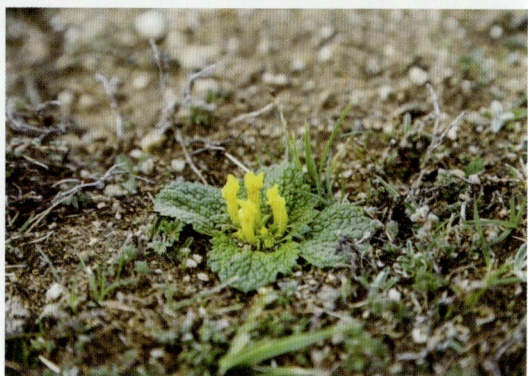

肉果草 *Lancea tibetica* Hook. f. et Thoms.

科名 玄参科 Scrophlariaceae　　　**属名** 肉果草属 *Lancea*

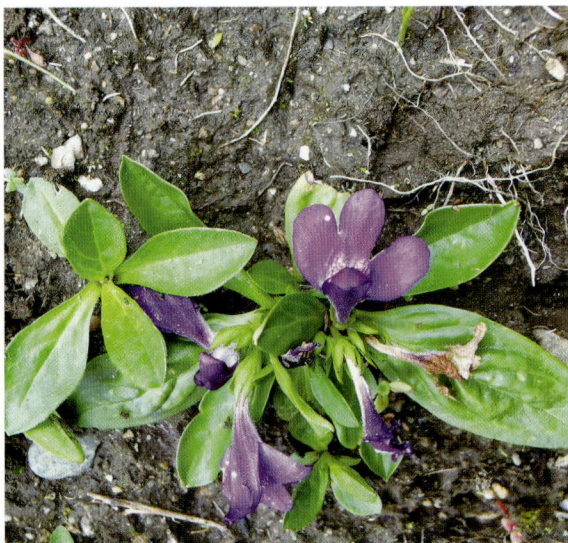

植物学特性 多年生矮小草本，高3~7cm，除叶柄有毛外其余无毛。叶4~6片，近似莲座状，倒卵形或匙形，近革质，长2~7cm，顶端钝，常有小凸尖。花3~5朵簇生，花萼钟状，革质；花冠深蓝色或紫色，长1.5~2.5cm；花冠筒长8~13mm，上唇直立，2深裂，偶有几全裂，下唇开展，中裂片全缘。

生境 高寒草原或沙质草地；海拔3500~4800m。

分布 西藏全境。

用途 具有清肺化痰的功效。

水苦荬 *Veronica undullata* Wall.

科名	玄参科 Scrophulariaceae	属名	婆婆纳属 *Veronica*

植物学特性　一年或二年生草本，全体无毛或于花柄及苞片上稍有细小腺状毛。茎直立，高 25~90cm，富肉质，中空。叶对生，长圆状披针形或长圆状卵圆形，长 4~7cm，宽 8~15mm，全缘或具波状齿，基部呈耳廓状微抱茎上。总状花序腋生，长 5~15cm；花冠淡紫色或白色，具淡紫色的线条。

生境　水边及沼泽湿地。

分布　拉萨、山南。

用途　具有清热利湿、止血化瘀功效，治感冒、喉痛、劳伤咳血、跌打损伤等。

轮叶马先蒿 *Pedicularis verticillata* L.

科名 玄参科 Scrophulariaceae　　　　　**属名** 马先蒿属 *Pedicularis*

植物学特性 一年生或二年生草本，高 15~40cm。茎常成丛生，茎上部具 4 条毛线。茎生叶常 4 枚轮生，叶长圆形，长 3cm，羽状深裂或全裂。花序总状，花萼球状卵圆形，花冠白色至紫红色，长约 1.3cm。蒴果披针形。

生境 山坡砾石地、田埂旁或湿润处；海拔 2500~3700m。

分布 西藏东部。

用途 冬季家畜采食；观赏植物；有益气生津、养心安神的功效。

皱褶马先蒿　*Pedicularis plicata* Maxim.

科名 玄参科 Scrophulariaceae	**属名** 马先蒿属 *Pedicularis*

植物学特性　株高 10~20cm。茎单生或 2~6 条，紫红色。基出叶柄长约 3cm，羽状深裂或全裂，裂片 6~12 对，叶长 1~3cm，羽状深裂或近全裂，裂片 6~12 对；茎生叶 1~2 轮，每轮 4 枚。穗状花序长 3~7cm，花轮生；花冠长 1.6~2.6cm，白色，盔部粉红色。

生境　高寒草原或阴湿山坡；海拔 3600~4600m。

分布　西藏南部至西部。

用途　冬季家畜采食。

毛盔马先蒿 *Pedicularis trichoglossa* Hk. F.

科名	玄参科 Scrophulariaceae	属名	马先蒿属 *Pedicularis*

植物学特性　多年生草本，高 30~60cm。茎黑紫色，不分枝，有沟纹，沟中有成条的毛。下部叶片最大，基部渐狭为柄，渐上渐小，无柄而抱茎，轮廓为长披针形至线状披针形，缘有羽状浅裂或深裂。花序总状，花冠黑紫红色，盔强大，背部密被紫红色长毛。

生境　高山草地或疏林中；海拔 3600~5000m。

分布　西藏南部。

用途　冬季家畜采食；治水肿、遗精、耳鸣症。

齿盔马先蒿 *Pedicularis cornigera* T. Y amaz.

科名	玄参科 Scrophulariaceae	属名	马先蒿属 *Pedicularis*

植物学特性 多年生草本，高 6~30cm。茎成丛或单条，茎具毛。基生叶叶柄长 4~6cm；叶片长 5~7，宽 2~4cm，羽状深裂，裂片 7~12 对，长圆状至三角状披针形。花黄色，管长 20~30mm，长于萼 2~3 倍。

生境 林缘中苔藓覆盖的岩石上；海拔 2800~4500m。

分布 西藏南部。

用途 冬季家畜采食。

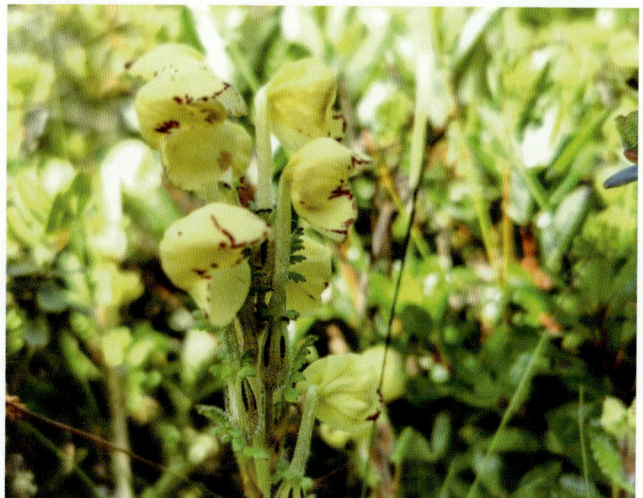

管状长花马先蒿 *Pedicularis longiflora* var. *tubiformis*（Klotz Sch）P. C. Tsoong

科名 玄参科 Scrophulariaceae   **属名** 马先蒿属 *Pedicularis*

植物学特性 一年生草本，高 18cm。茎短。基生叶密生，柄长 1~2cm，叶披针形，羽状深裂，裂片 5~9 对，有重锯齿；茎生叶互生，具短柄。花腋生，花梗短，花萼筒长，长 1.1~1.5cm，萼齿 2，掌状开裂；花冠黄色，长 4~6cm，冠筒被毛，上唇上端转向前上方，前端具细喙成半环状卷曲，喙长约 6mm，下唇近喉处有棕红色的斑点 2 个。

生境 高山草甸及溪流旁；海拔 2700~5300m。

分布 西藏广布。

用途 冬季家畜采食。

聚齿马先蒿 *Pedicularis roborowsii* Maxin.

科名	玄参科 Scrophulariaceae	属名	马先蒿属 *Pedicularis*

植物学特性 一年生草本，高达 50cm。茎常成丛生，茎上部具 4 条毛线。茎生叶常 4 枚轮生，叶片宽矩圆形至卵状距圆形，长达 3cm，羽状深裂或全裂。花序总状，花萼球状卵圆形；花冠黄色，长约 1.3cm。蒴果披针形。

生境 山坡砾石地、田埂旁或湿润处。

分布 拉萨。

用途 祛风湿、利小便。

藏波罗花 *Incarvillea younghusbandii* Sprague

科名　紫葳科 Bignoniaceae　　　　属名　角蒿属 *Incarvillea*

植物学特性　矮小宿根草本，高 5~10cm。无茎。叶基生，平铺于地上，一回羽状复叶，侧生叶 2~5 对，叶脉明显凹下，下面隆起，卵状椭圆形，无柄；顶端小叶卵圆形，较大，长及宽为 3~7cm，顶端圆。花冠细长，漏斗状，长 4~7cm，基部直径 3mm，中部直径 8mm，花冠筒橘黄色、紫红色至红色，花冠裂片开展，圆形；雄蕊 4，着生于花冠筒基部，2 强雄蕊，花药丁字形着生；花冠喉部具白色条纹。

生境　高山沙质草原及山坡砾石滩；海拔 3600~5800m。

分布　拉萨、那曲、班戈、仲巴、加里、错那、普兰、定结、定日、改则。

用途　根入药，滋补强壮，可治产后少乳、头晕、贫血。

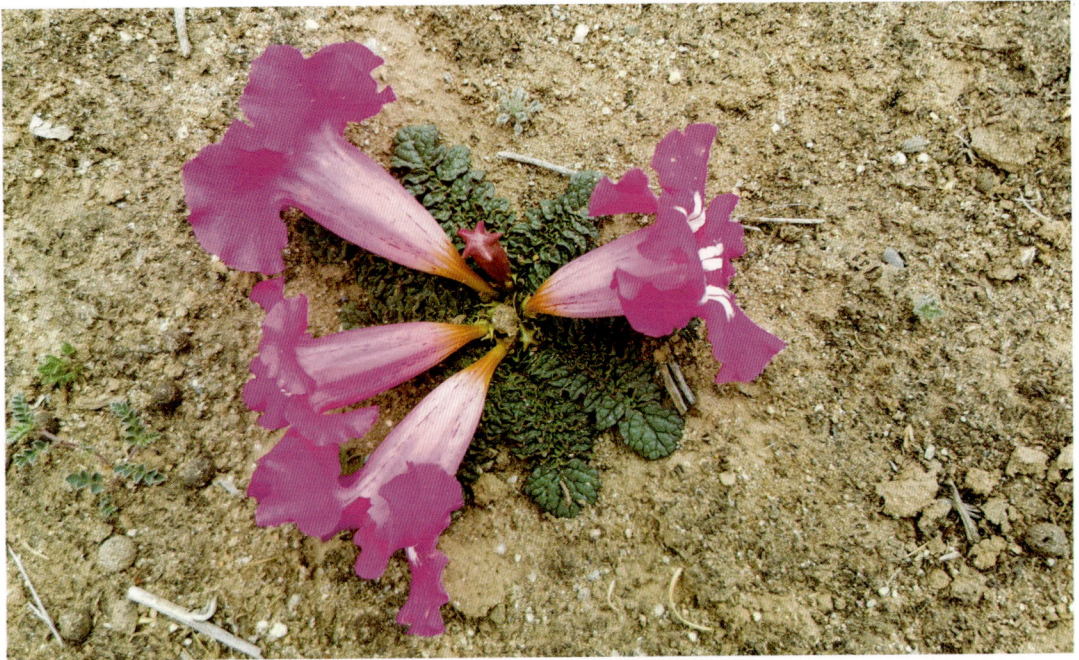

珊瑚苣苔　*Corallodiscus lanuginosus*（Wallich ex R. Brown）B. L. Burtt

科名	苦苣苔科 Gesneriaceae	属名	珊瑚苣苔属 *Corallodiscus*

植物学特性　多年生草本。叶全部基生，莲座状；叶片革质，卵状长圆形，长 2~4cm，宽 1~2cm。聚伞花序，每花序具 2~4 花，花萼具 5 脉，花冠筒状，淡紫色，长 10~13mm，筒部直径 3.5~5.5mm。

生境　岩石缝或石壁上；海拔 2500~4500m。

分布　西藏南部。

用途　观赏植物。

小车前　*Plantago minuta* Pall.

科名　车前科 Plantaginaceae		**属名**　车前属 *Plantago*	

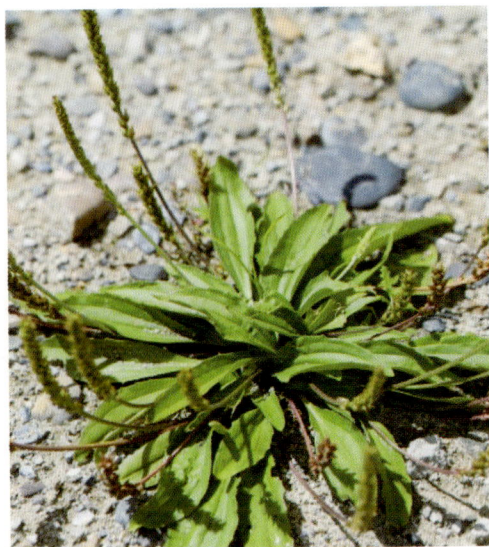

　　植物学特性　一年生或多年生小草本。叶基生呈莲座状，平卧或斜展；叶片硬纸质，线形、狭披针形或狭匙状线形，长 3~8cm，宽 1.5~3cm，先端渐尖，边缘全缘，脉 3 条，基部扩大成鞘状。花序 2 至多数；长 2~12cm，花序梗直立或弓曲上升，穗状花序圆柱状。蒴果卵球形或宽卵球形。

　　生境　草地、戈壁滩、沙地或田边。

　　分布　西藏广布。

　　用途　幼苗可食；药用具有利尿、清热、明目、祛痰的功效，主治小便不通、黄疸、水肿、目赤肿痛、皮肤溃疡等。

拉拉藤 *Galium spurium* L.

科名	茜草科 Rubiaceae	属名	拉拉藤属 *Galium*

植物学特性 一年生蔓生或攀缘状草本，高达 30~60cm。茎有 4 棱。叶纸质，6~8 片轮生，条状披针形，凸尖，基部楔形，两面生倒刺毛。聚伞形花序，腋生，花冠黄绿色。蒴果，近球形，密被钩状长毛。

生境 农田田埂或灌丛。

分布 拉萨、山南、林芝。

用途 具清热解毒、消肿止痛、利尿等功效。

岩生忍冬 *Lonicera rupicola* Hook. f. et Thoms.

科名	忍冬科 Caprifoliaceae	属名	忍冬属 *Lonicera*

植物学特性 多年生落叶灌木，高达 100~200cm。小枝纤细，当年枝紫红色。叶脱落后小枝顶常呈针刺状，叶纸质，3~4 枚轮生，条状披针形、矩圆状披针形，长 0.5~3.7cm。花生于幼枝基部叶腋，总花梗极短；花冠淡紫色或紫红色，筒状钟形，长 8~15mm。果实红色，圆形。

生境 高山灌丛草甸或河漫滩；海拔 3400~4950m。

分布 西藏东部至西南部。

用途 具散热、疏热之功效。

棘枝忍冬　*Lonicera spinosa* Jacq. ex Walp.

科名	忍冬科 Caprifoliaceae	属名	忍冬属 *Lonicera*

植物学特性　多年生落叶矮灌木，高达 60cm。枝条灰色，老枝先端棘状。叶对生，条形或条状矩圆形，长 4~12mm，宽 1~2mm。花生于短枝叶腋上，花冠初始淡紫红色，后变为白色筒状漏斗形，总花梗极短。果实椭圆形，长约 5mm。

生境　灌丛石砾堆上；海拔 3700~4600m。

分布　西藏西南部和西北部。

用途　防风固沙。

血满草 *Sambucus adnata* Wall. ex DC.

科名	忍冬科 Caprifoliaceae	属名	接骨木属 *Sambucus*

植物学特性 多年生高大草本或亚灌木，高 100~200cm。根和根茎红色，折断后可流出红色液汁。茎草质，具明显的棱条。羽状复叶，具叶片状或条形的托叶，小叶 3~5 对，长披针形，长 4~15cm，宽 1.5~2.5cm。聚伞花序顶生，伞形，花冠白色。果熟时红色。

生境 高山草地、沟边或灌丛中；海拔 2500~3600m。

分布 西藏东南部。

用途 跌打损伤药，能活血散瘀，亦可去风湿、利尿。

甘松　*Nardostachys jatamansi*（D. Don）DC.

科名	败酱科 Valerianaceae	属名	甘松属 *Nardostachys*

植物学特性　多年生草本，高5~20cm。叶丛生，长匙形或线状倒披针形，长 3~15cm，宽 1cm，主脉平行三出，全缘；茎生叶 1~2 对。花序为聚伞性头状，顶生，直径 1.5~2cm；花冠紫红色，钟状；花萼 5 裂。

生境　高寒草地或沙质草地；海拔 3600~5000m。

分布　拉萨、那曲、日喀则、山南。

用途　全草理气止痛，醒脾健胃，用于胸腹胀痛、胃痛呕吐、食欲不振、消化不良。

匙叶翼首花 *Bassecoia hookeri*（C. B. Clarke）V. Mayer et Ehrend.

科名 川续断科 Dipsacaceae　　　　　　**属名** 翼首花属 *Bassecoia*

植物学特性 多年生草本，高 10~25cm，全株被白色柔毛。叶全部基生，莲座状，匙形长圆形，长 5~18cm，叶片全缘或一回羽状深裂，裂片 3~5 对，顶裂片大。花葶生于叶丛，高 10~30cm，无叶，头状花序单生葶顶，直立或微下垂，球形，径 1.5~4cm；总苞苞片 2~3 层。

生境 高寒草甸或山坡；海拔 2200~4800m。

分布 西藏东部、南部。

用途 根入药，清热解毒、祛风湿、止痛，主治传染病引起的热症、血热等。

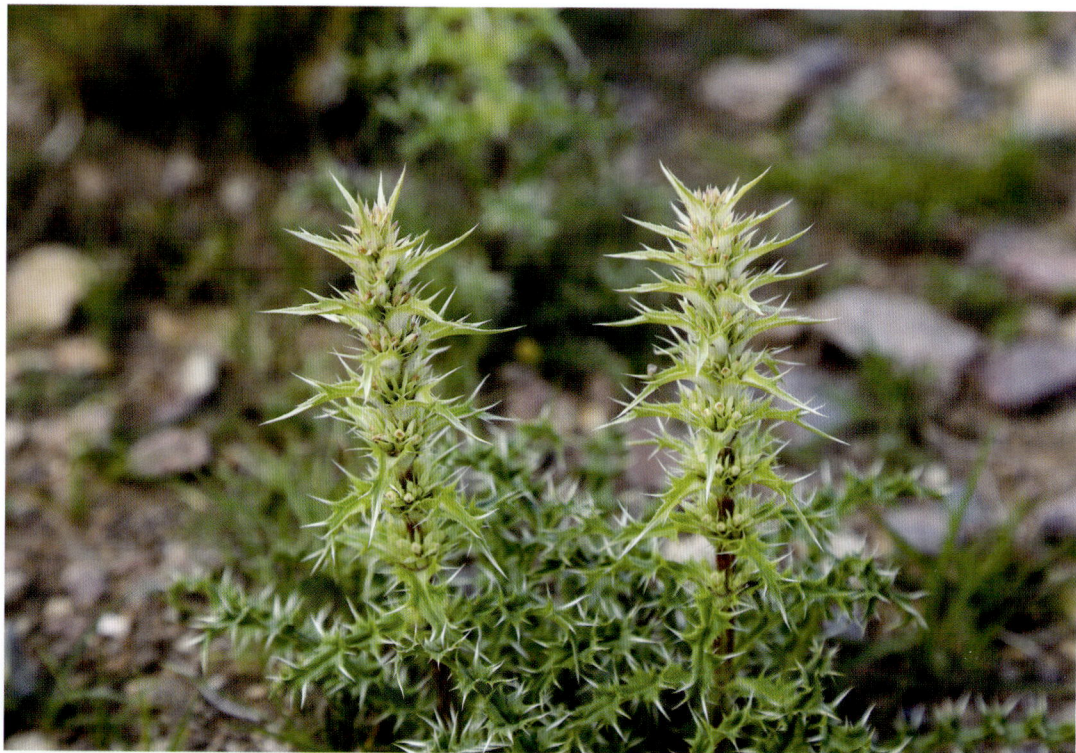

青海刺参 *Morina kokonorica* K. S. Hao

| 科名 | 川续断科 Dipsacaceae | 属名 | 刺续断属 *Morina* |

植物学特性 多年生草本，株高 20~50cm。茎单一。叶深裂，几达中脉边缘，有 3~7 硬刺，4~5 叶轮生。轮伞花序通常 4~6 轮组成顶生间歇穗状花序，花萼长 10~15mm，萼裂片 2~3 裂，成 4~5 小裂片，小裂片长卵形至卵状披针形，先端大部分具刺尖。

生境 砂石质山坡、山谷草地；海拔 3000~4500m。

分布 西藏广布。

用途 地上部分用于关节痛、小便失禁、腰痛，全草治不消化症。

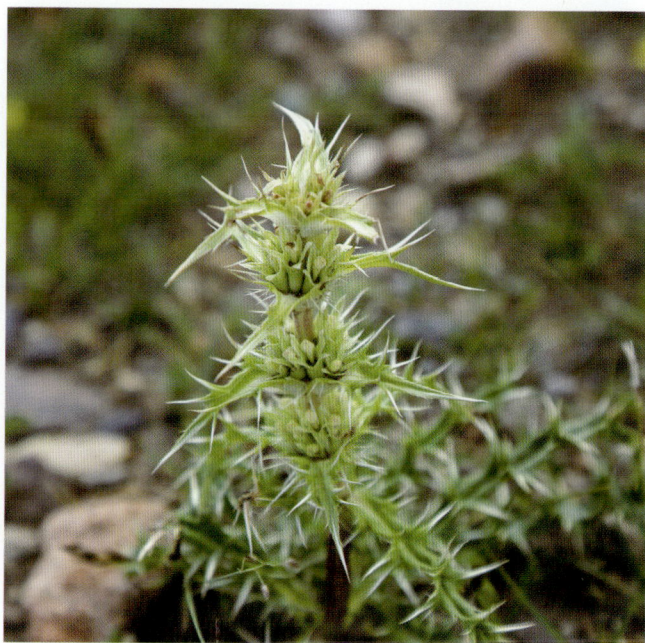

西南风铃草　*Campanula pallida* Wall.

科名　桔梗科 Campanulaceae	属名　风铃草属 *Campanula*

　　植物学特性　多年生草本。茎单生，常带紫红色，少 2 支，更少为数支丛生于一条茎基上，被开展的淡黄色糙毛，高 20~50cm。花 1~2，下垂，顶生于主茎及分枝上，花冠紫蓝色或蓝色，管状钟形，长 0.8~1.5cm，5 裂近中部。

　　生境　山坡草地或林缘；海拔 1000~4000m。

　　分布　西藏南部。

　　用途　根入药，治风湿等症。

小叶蓝钟花 *Cyananthus microyphyllus* Edgew.

科名	桔梗科 Campanulaceae	属名	蓝钟花属 *Cyananthus*

植物学特性　多年生草本。茎短而平卧，基部分枝，地上茎棕褐色至绿叶处，茎多条并生，被灰白色短柔毛。叶在茎上密生，叶片长小于 5mm，宽约 1.5mm；叶互生。花下 4 或 5 枚叶聚集呈轮生状，花单生于主茎和分枝顶端；花萼短筒状，花冠蓝紫或深蓝色，内面喉部具流苏状白色长柔毛。

生境　山坡草地；海拔 3300~4300m。

分布　西藏中部、南部。

用途　水土保持。

辐冠参 *Pseudocodon convolvulaceus*（Kurz）D. Y. Hong et H. Sun

科名　桔梗科 Campanulaceae　　　　属名　辐冠参属 *Pseudocodon*

植物学特性　草质缠绕藤本，具白色乳汁。根近球形。茎常有分枝。叶互生，披针形、下披针形或披针状条形，长 2~6cm，宽 0.4~1.5cm。花顶生或腋生，花冠蓝色宽钟状。

生境　山坡草地或林下；海拔 2500~4000m。

分布　西藏东部至南部。

用途　补养气血、健脾、生津清热，用于治疗感冒、咳嗽、扁桃体炎、胸痛、食欲不振、营养不良等症。

半卧狗娃花　*Aster semiprostratus* (Grier.) H. Ikeda

科名　菊科 Compositae	属名　紫菀属 *Aster*

植物学特性　多年生草本。生出多数簇生茎枝，茎枝平卧或斜升，被平贴的硬柔毛。叶条形或匙形，长 1~3cm，宽 2~4mm。头状花序单生枝端，宽 1.5~3cm；总苞片 3 层，披针形，舌状花 20~35 个，舌片浅蓝色；管花黄色。

生境　干燥多砂石的山坡、河滩砂地；海拔 4000~4600m。

分布　西藏南部至西部。

用途　具解毒消肿的功效。

重冠紫菀 *Aster diplostephioides*（DC.）C. B. Clarke

科名	菊科 Compositae	属名	紫菀属 *Aster*

植物学特性　多年生草本，高 20~60cm。茎单生或 2~3 个，直立，被开展的柔毛。茎下部叶长圆状匙形或倒披针形，长 6~12cm，宽 0.4~2cm，茎上部叶为苞叶状，较小。头状花序单生茎顶，舌状花 2 层，舌状花 80~100 个，舌片蓝紫色，管状花黄色，开放前先端紫褐色。

生境　河滩、阶地或草甸。

分布　西藏南部。

用途　具有治疗风寒咳嗽的功效。

矮火绒草 *Leontopodium nanum*（Hook. f. et Thoms.）Hand.-Mazz.

科名　菊科 Compositae

属名　火绒草属 *Leontopodium*

植物学特性　多年生草本。垫状丛生或根状茎分枝。基部叶匙形，长 0.7~2.5cm，两面被白色或上面被灰白色长柔毛状密茸毛。头状花序直径 6~13mm，密集或单生，1~7 个；总苞片 4~5 层，黑褐色，总苞长 4~5.5mm，被灰白色绵毛。

生境　高寒草甸或河谷地；海拔 4000~5000m。

分布　西藏广布。

用途　可做饲用、药用。

毛香火绒草　*Leontopodium stracheyi*（Hook. f.）C. B. Clarke

科名	菊科 Compositae	属名	火绒草属 *Leontopodium*

植物学特性　多年生草本。根状茎横走，有多数簇生的花茎和不育茎，茎高 40~60cm。叶卵状披针形，长 2~5cm，边缘平或波状反卷，上面被密腺毛，基部圆形或扩大，近心形抱茎；上面绿色，被密腺毛，下面被灰白色茸毛。苞叶多数，卵形，两面被灰白色茸毛；头状花序，直径 4~5mm，密集；总苞片 2~3 层。

生境　高寒灌丛草甸、山谷溪岸或干燥草地。

分布　西藏中部至南部河谷。

用途　全株治疗流感、时疫、砒毒、肉瘤。

木根香青 *Anaphalis xylorhiza* Sch.-Bip. ex Hook. f.

科名	菊科 Compositae	属名	香青属 *Anaphalis*

植物学特性 多年生草本，灌木状，高 20~30cm。根状茎粗壮。有顶生的莲座状叶丛，茎直立，高 5~15cm，被白色或灰白色绵毛。头状花序，5~10 个密集成复伞房状，总苞片约 5 层。

生境 高寒草原或石砾沙地。

分布 西藏南部。

用途 可做饲用；药用，具解表祛风、消炎止痛、镇咳平喘功效，治风寒感冒。

鼠曲草 *Pseudognaphalium affine*（D. Don）Anderberg

科名 菊科 Compositae　　　　　　　**属名** 鼠曲草属 *Pseudognaphalium*

植物学特性 一、二年生草本。茎直立或基部匍匐或斜上分枝，被白色厚绵毛。叶无柄，倒卵状匙形，上部叶长 15~20mm，宽 2~5mm。总苞片 2~3 层，金黄，膜质；头状花序，直径 2~3mm，在枝顶密集成伞房状，花黄色。

生境 砾石地或干燥山坡。

分布 西藏中部至南部。

用途 茎叶入药，可治疗镇咳、祛痰、治气喘和支气管炎等症，内服还有降血压的疗效。

臭蚤草 *Pulicaria insignis* Drumm. ex Dunn

科名	菊科 Compositae	属名	蚤草属 *Pulicaria*

植物学特性　多年生草本。植物有黏液，具恶臭。上端有密集的分枝和被白色密毛，茎直立或斜升，高 5~25cm，粗壮，被密集开展的长粗毛。头状花序在舌状花开展时直径 4~6cm，在茎端单生，总苞片多层，线状披针形或线形，上端渐细尖，舌状花黄色，顶端有 3 齿。

生境　高寒荒漠、砾石地与砾质草地。

分布　西藏南部。

用途　具有去热止痛的功效，用于肺痨咳嗽、两肋疼痛、劳热骨蒸等症。

牛膝菊   *Galinsoga parviflora* Cav.

科名	菊科 Compositae	属名	牛膝菊属 *Galinsoga*

植物学特性   一年生草本。茎枝被贴伏柔毛。叶对生，卵形或长椭圆状卵形，长2.5~5.5cm，叶柄长1~2cm。头状花序半球形，排成疏散伞房状，花序梗长约3cm；总苞半球形或宽钟状，直径3~6mm，总苞片1~2层，舌状花4~5，舌片白色，先端3齿裂，管状花黄色。瘦果。

生境   林下、河谷地、荒野或田间；海拔3000~3800m。

分布   西藏中部、南部。

用途   嫩茎叶可供食用；具有止血消炎的功效。

灌木亚菊 *Ajania fruticulosa* (Ledeb.) Poljak.

科名　菊科 Compositae　　　　　　　　　　　**属名**　亚菊属 *Ajania*

植物学特性　小半灌木，高30cm。花枝灰白色，被稠密短柔毛。叶3全裂或有时掌状5裂。头状花序多数在枝端排成直径3cm的复伞房花序，总苞片4层，外层线状披针形，长2.5mm。

生境　荒漠及荒漠草原；海拔4000~4400m。

分布　西藏西部。

用途　可做饲草；药用具有抗菌消炎、止咳化痰、活血化瘀的功效。

臭蒿 *Artemisia hedinii* Ostenf. et Pauls.

科名	菊科 Compositae	属名	蒿属 *Artemisia*

植物学特性 一年生草本，植株有浓烈臭味。茎单生，高 15~60cm，紫红色，具纵棱。基生叶多数，密集成莲座状，叶下面微被腺毛状柔毛，二回栉齿状羽状分裂。头状花序近球形，几个或数十个密集于腋生梗上成或端或长的总状或复总状；花冠管状，檐部紫红色。

生境 砾质坡地、田边或撂荒地。

分布 西藏广布。

用途 有清热、解毒、凉血、消炎、除湿之效；还可用做杀虫药。

冻原白蒿　*Artemisia stracheyi* Hook. f. et Thoms.

科名	菊科 Compositae	**属名**	蒿属 *Artemisia*

植物学特性　多年生草本，植株有臭味。茎多数，密集，常成丛或近成垫状，高 15~45cm，具纵棱，通常不分枝。茎、叶两面及总苞片背面密被灰黄色或淡黄色绢质绒毛，二至三回羽状分裂，裂片条形。头状花序半球形，直径 6~10mm，有短梗，下垂；在茎上排成总状花序或为密穗状花序状的总状花序；总苞片 4 层。

生境　砾质滩地、河滩或草甸草地；海拔 4300~5100m。

分布　西藏西部。

用途　冬季饲草。

垫型蒿 *Artemisia minor* Jacq. ex Bess.

科名 菊科 Compositae	属名 蒿属 *Artemisia*

　　植物学特性　垫状型半灌木状草本，高 10~15cm。茎多数。茎下部与中部叶近圆形、扇形或肾形，长 0.6~1.2cm，宽 0.5~1cm，二回羽状全裂，每侧裂片 2（3）枚，小裂片披针形或长椭圆状披针形，长 1~2mm，宽 0.5~1mm，叶柄长 4~8mm。头状花序半球形或近球形，直径 5~10mm，近无梗，在茎上排成穗状花序式的总状花序；总苞片 3~4 层；花冠紫色。

　　生境　山坡、山谷、河漫滩、盐湖边或砾石坡地；海拔 4200~5800m。

　　分布　西藏西南部。

　　用途　可做饲草。

藏沙蒿　*Artemisia wellbyi* Hemsl et Pears. ex Deasy.

科名	菊科 Compositae	属名	蒿属 *Artemisia*

　　植物学特性　半灌木状草本。主根粗壮，木质。茎多数，成丛，高 15~28cm，下部木质，上部草质。叶质稍厚，茎下部叶卵形或长卵形，长 1.5~2.5cm，宽 0.8~1.8cm，二回羽状全裂，每侧裂片 3~4 枚，上部叶 5 或 3 全裂，无柄；苞片叶 3 深裂或不分裂，线形。头状花序卵球形或近球形，直径 2.5~3.5mm，有短梗；数枚至十多枚在茎端排成穗状花序或穗状花序式的总状花序。瘦果倒卵形。

　　生境　河湖边沙砾地、山坡草地、砾质坡地；海拔 4000~5300m。

　　分布　西藏南部至西部。

　　用途　饲用；药用，有消炎、止内脏出血的功效；具防风固沙作用。

藏白蒿 *Artemisia younghusbandii* J. R. Drumm. ex Pamp.

科名	菊科 Compositae	属名	蒿属 *Artemisia*

植物学特性 半灌木状草本。茎多数，纤细，丛生，高 15~30cm，下部木质，上部半木质分枝。茎、枝、叶两面及总苞片背面密被灰白色或灰黄色绒毛。茎中部与下部叶宽卵形，长 0.5~1cm，宽 0.5~0.8cm，一至二回羽状全裂，每侧裂片 2~3 枚。头状花序半球形或宽卵形，直径 2.5~4mm 近无梗，斜展或下垂，在枝条上单生，排列成疏散的总状花序。

生境 高寒荒漠、砾质坡地与砾质草地；海拔 4000~4650m。

分布 西藏南部。

用途 做香料用；亦可做饲草。

藏橐吾　*Ligularia rumicifolia*（Drumm.）S. W. Liu

科名	菊科 Compositae		属名	橐吾属 *Ligularia*

植物学特性　多年生草本。茎直立，高 40~100cm，被白色绵毛。丛生叶与茎下部叶卵状长圆形，长 10~19cm，边缘具细齿，叶脉羽状，叶柄长 5~20cm；茎中上部叶无柄，卵状披针形，最上部叶披针形。复伞房状花序，舌状花 3~7，黄色；管状花多数，黄色。

生境　林下、灌丛或山坡；海拔 3700~4500m。

分布　西藏东南部至东部。

用途　温肺止咳，主治咳嗽、肺气不利、津液失布、痰稀色白、鼻流清涕、风寒外束、腠理闭塞、头身悉痛、恶寒发热。

尼泊尔垂头菊 *Cremanthodium nepalense* Kitam.

科名 菊科 Compositae   **属名** 垂头菊属 *Cremanthodium*

植物学特性 多年生草本。茎单生，直立，高 14~30cm；幼时被黑色有节短柔毛和疏白色长柔毛。叶片卵形至近圆形，长 2.5~4.5cm，宽 1.5~2.5cm；茎生叶 2~4，较小，长达 1cm，叶线状披针形。头状花序单生，下垂，辐射状，总苞半球形；舌状花黄色，舌片长圆形，长 8~15mm，宽 2~3mm；管状花多数，黄色。

生境 高寒灌丛边缘。

分布 西藏南部。

用途 解毒止痛；全草治胆囊炎、头痛、中毒性疼痛。

毛苞刺头菊 *Cousinia thomsoni* C. B. Clarke

科名	菊科 Compositae	属名	刺头菊属 *Cousinia*

植物学特性 二年生草本。茎直立，高 30~60cm；上部分枝，全部茎枝灰白色，被密厚的蛛丝状绒毛。基生叶与下部茎叶羽状全裂，侧裂片钻状长三角形，骨针状，中上部茎叶无柄，基部半抱茎；全部茎叶质地坚硬，革质，两面异色，上面绿色，无毛，下面灰白色，被密厚的绒毛。头状花序单生枝端，被稠密的蓬松的蛛丝毛，总苞片 9 层，小花紫色或粉红色。

生境 山坡草地、河滩砾石地；3700~4300m。

分布 西藏西南部（扎达、普兰、吉隆等）。

用途 具有清热解毒、消炎去肿、驱除蛔虫的功效。

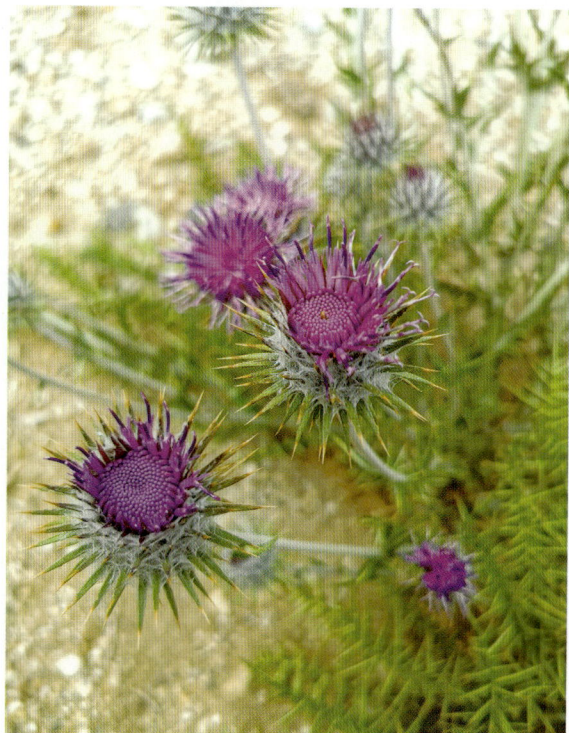

沙生风毛菊 *Saussurea arenaria* Maxim.

科名 菊科 Compositae   属名 风毛菊属 *Saussurea*

植物学特性 多年生草本，高3~7cm。茎极短，密被白色绒毛。叶莲座状，披针形，超出花序，长4~11cm，宽1.2~3.cm，顶端急尖，边缘尖锯齿。头状花序单生于莲座状叶丛中；小花紫红色。

生境 山顶草甸、山坡沙地或干河床；海拔4000~4800m。

分布 西藏东部、南部。

用途 用于感冒发热、头痛、咽喉肿痛、疮疡痈肿、食物中毒等症。

密毛风毛菊　*Saussurea graminifolia* Wall. ex DC.

科名	菊科 Compositae	属名	风毛菊属 *Saussurea*

植物学特性　多年生草本，高 5~15cm。基生叶狭线形，长 3~10cm，宽 1~3mm，边缘全缘，密被白色绵毛。头状花序，单生，总苞片 4~5 层，全部苞片外面被白色长棉毛；小花紫色，长 1.8~2cm。

生境　山坡草地、砾石滩或石质坡地；海拔 4300~4800m。

分布　西藏南部。

用途　可做饲草；药用具有清热利湿功效。

星状雪兔子 *Saussurea stella* Maxim.

科名	菊科 Compositae	属名	风毛菊属 *Saussurea*

植物学特性　多年生无茎莲座状草本，全株光滑无毛。叶莲座状，星状排列，线状披针形，长 3~19cm，宽 3~10mm，中部以上渐尖，边缘全缘，基部常扩大，紫红色。在莲座状叶丛中密集成半球形的总花序，花序无梗，直径 8~10mm；总苞片 5 层，覆瓦状排列，小花紫色。

生境　高寒河滩、高山阴湿草地或沼泽草甸；海拔 4500~5400m。

分布　江达、八宿、加查、南木林、巴青、林芝、拉萨、亚东、错那。

用途　解毒疗疮、祛风除湿。

拉萨雪兔子 *Saussurea kingii* C. E. C. Fisch.

科名 菊科 Compositae　　**属名** 风毛菊属 *Saussurea*

植物学特性　二年生铺散草本。主茎极短或几无主茎。叶基生，莲座状，叶片全形线形或宽线形，长 2.5~14cm，宽 0.3~2.5cm，羽状深裂，两面同色，绿色；侧裂片 5~10 对。头状花序数个或多数，在莲座状叶丛中集成直径 5~6cm 的伞房状总花序，密被棉毛的苞叶所包围；小花紫红色。

生境　山坡砾石地、河滩沙地；海拔 3000~3900m。

分布　西藏中部至东部。

用途　叶治新旧疮疡、肉食中毒，全草治疮疖。

美叶川木香 *Dolomiaea calophylla* Ling

| 科名 | 菊科 Compositae | 属名 | 川木香属 *Dolomiaea* |

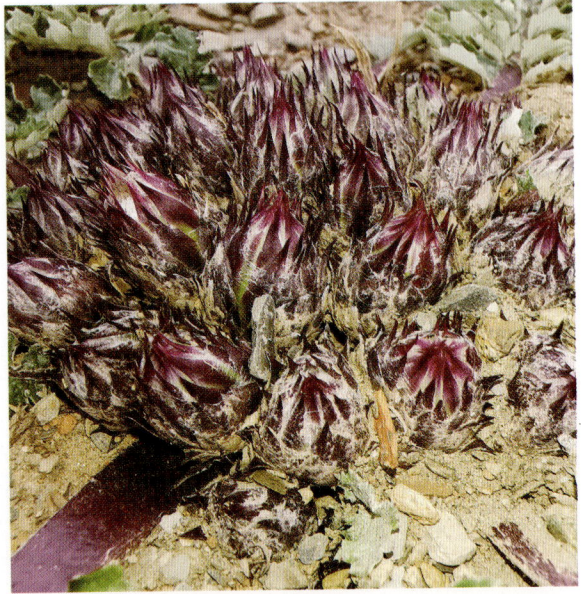

植物学特性 多年生莲座状草本。无茎。叶基生，长椭圆形或长倒披针形，长 10~20cm，不规则二回羽状分裂，一回侧裂片，7~10 对。总苞片质地坚硬，约 6 层，覆瓦状排列，外层椭圆形，长 0.9~1.1cm，宽 0.5cm；头状花序 25~35 个，小花紫红色，花冠长 1.9cm。

生境 高山草地或砾石地；海拔 3500~4700m。

分布 西藏中部、南部。

用途 具有行气止痛、温中和胃的功效。

尼泊尔大丁草　*Leibnitzia nepalensis*（Kunze）Kitamura

| 科名 | 菊科 Compositae | 属名 | 大丁草属 *Leibnitzia* |

植物学特性　植物高 20~30cm。叶基生，叶片大头羽状分裂，长约 7cm，高 5~13cm；具 2~4 对侧生裂片，边缘浅波状，下面有白色棉毛，叶柄长 5~7cm。头状花序，只有管状花，总苞片 2~3 层。瘦果狭纺锤形，长约 7mm，顶端渐狭似具短喙，遍生短硬毛；冠白长约 8mm，具细糙毛，通常污紫色。

生境　山坡草地和灌丛；海拔 3500~4600m。

分布　林周、南木林、吉隆、加查等地。

用途　水土保持、固土。

蒲公英　*Taraxacum mongolicum* Hand.-Mazz.

科名	菊科 Compositae	属名	蒲公英属 *Taraxacum*

植物学特性　多年生草本，植株大小变异较大。叶基生，莲座状，叶倒卵状披针形，长 4~20cm，宽 1~5cm，边缘有时具波状齿或羽状深裂，叶柄及主脉常带红紫色。头状花序单生花葶顶端，直径 30~40mm；总苞片 2~3 层，舌状花黄色。

生境　山坡草地、路边或河滩。

分布　西藏广布。

用途　全草有利尿、缓泻、退黄疸、利胆等功效。

海韭菜 *Triglochin maritima* L.

科名　水麦冬科 Juncaginaceae　　　　属名　水麦冬属 *Triglochin*

植物学特性　多年生湿生草本，植株稍粗壮。叶基生，半圆柱形，长 7~30cm。花葶直立，较粗壮，圆柱形，无毛；总状花序顶生，花较紧密，无苞片；花梗长约 1mm，开花后伸长至 2~4mm。

生境　沼泽草甸、河边或盐碱湿地。

分布　那曲、拉萨、日喀则。

用途　滋补、止泻、生津止渴。

画眉草 *Eragrostis pilosa* （L.） Beauv.

科名	禾本科 Gramineae	属名	画眉草属 *Eragrostis*

植物学特性 一年生草本。秆丛生，直立或基部膝曲，高 15~40cm，光滑。叶鞘松裹茎，鞘口有长柔毛，叶长 6~20cm；花序分枝腋间具柔毛；叶舌为一圈纤毛。圆锥花序开展或紧缩，长 10~25cm，宽 2~10cm，含 4~14 小花。

生境 砾石河滩地。

分布 西藏中部至南部。

用途 优良牧草；药用治铁打损伤。

固沙草 *Orinus thoroldii*（Stap ex Hemsl.）Bor

科名	禾本科 Gramineae	属名	固沙草属 *Orinus*

植物学特性 多年生草本。根状茎 1~3mm，密被有光泽鳞片。秆高 12~20cm，直立，细硬，老枝家畜咬不断。叶鞘被长柔毛，叶舌膜质，先端常撕裂状；叶扁平或内卷呈刺毛状，两面均疏被柔毛。圆锥花序 4.5~7.5cm，分枝单生；小穗具 2~5 小花；外稃先端齿裂，脊及两侧均被长柔毛，脊间具黑褐色。

生境 干燥沙地或低矮山坡上；海拔 3800~4500m。

分布 西藏西北部、南部至西部。

用途 可做饲草；良好的固沙植物。

草沙蚕 *Tripogon bromoides* Roem. et Schult.

科名	禾本科 Gramineae	属名	草沙蚕属 *Tripogon*

植物学特性 多年生密丛草本。秆高 15~30cm，细弱，直立。叶鞘无毛，叶片质较硬，内卷，长 3~10cm，宽 1~2mm。穗状花序，长 7~11cm，穗轴微扭卷，平滑，小穗铅绿色，排列较紧密，含 5~8 小花；颖膜质，具 1 强壮的脉，第 2 颖长 3.5~4.5mm，先端 2 裂，裂齿间伸出短芒，外稃具 3 脉，脉均延伸成直芒。

生境 河谷或干燥山坡上；海拔 3700~4300m。

分布 西藏中部、南部。

用途 优良牧草。

虎尾草 *Chloris virgate* Sw.

科名	禾本科 Gramineae	属名	虎尾草属 *Chloris*

植物学特性　一年生草本。秆无毛，直立或基部膝曲，高 12~75cm。叶鞘松散包秆，无毛，叶舌长约 1mm，叶片线形，长 3~25cm，宽 3~6mm。穗状花序 5~10 枚，指状着生于秆顶，常直立而并拢成毛刷状，穗状花序长 1.5~5cm；小穗成熟后紫色，芒自顶端稍下方伸出。

生境　路旁、荒野或河谷沙地。

分布　西藏广布。

用途　可做饲草。

藏布三芒草 *Aristida tsangpoensis* L. Liou

科名	禾本科 Gramineae	属名	三芒草属 *Aristida*

植物学特性 多年生草本，高15~40cm。秆直立，丛生。叶鞘平滑，稀鞘颈被短毛，叶片纵卷或扁平，长 5~10cm，宽 1~2.5mm。圆锥花序狭窄，长 5~11cm，分枝 2 枚，长 1.5~4cm，自基部即生小穗，小穗黄绿色或灰紫色；芒稍粗糙，芒柱长 1~2mm，微扭转，主芒长 10~14mm，两侧芒长 7~8mm。

生境 江河边沙地、干山坡；海拔 3000~4100m。

分布 西藏中部、南部。

用途 优良牧草。

阿洼早熟禾　*Poa araratica* Trautv.

科名	禾本科 Gramineae	属名	早熟禾属 *Poa*

　　植物学特性　多年生草本，密丛型，具根头或短根状茎。秆直立，高 25~35cm，带绿色。叶舌撕裂，长 1.5~2.5mm，叶片扁平，后内卷或为线形，长 4~10cm。第 1 外稃长 3.5~4.5mm；内稃短于外稃，两脊粗糙。

　　生境　高山草原；海拔 4300~5100m。

　　分布　西藏广布。

　　用途　优良牧草。

中亚早熟禾 *Poa litwinowiana* Ovcz.

科名	禾本科 Gramineae	属名	早熟禾属 *Poa*

植物学特性 多年生草本，高 10~25cm。顶节位于秆下部 1/6 处，带绿色；秆密丛。叶舌撕裂，叶舌长 2.5~3mm，叶片扁平，后内卷，较硬，长 2~4cm。圆锥花序紧缩或稍开展，长 2~4cm；小穗带紫色；第 1 外稃长 3.5~4mm；内稃短于外稃。

生境 山坡草地、砾石地或草甸；海拔 4100~4700m。

分布 西藏北部、西北部。

用途 优良牧草。

光花芒颖鹅观草

Elymus aristiglumis var. *leianthus*（H. L. Yang）S. L. Chen

科名	禾本科 Gramineae	属名	披碱草属 *Elymus*

植物学特性　多年生草本。秆单生，高 30~40cm，具 1~2 节。叶片扁平，长 6~8cm，宽 4~5mm。穗状花序下垂，紫色；颖与外稃光滑无毛；外稃芒长可达 40mm。

生境　山坡草地、河滩或阶地砾石地；海拔 4750~5200m。

分布　西藏西部、西南部。

用途　优良牧草。

垂穗披碱草 *Elymus nutans* Griseb.

| 科名 | 禾本科 Gramineae | 属名 | 披碱草属 *Elymus* |

植物学特性 多年生草本。秆直立，基部稍呈膝曲状，高 50~70cm。叶片扁平，上面疏生柔毛，下面粗糙，长 6~8cm，宽 3~5mm。穗状花序较紧密，通常 1~2 小穗处弯折，而先端下垂，长 5~12cm，小穗绿色，成熟后带有紫色；颖长圆形，长 4~5mm，2 颖几乎等长，先端具长 1~4mm 的短芒，外稃长 6~10mm，顶端延伸成芒，芒粗糙，向外反曲；内稃与外稃等长，先端截平。

生境 高原、高寒区山坡草地。

分布 西藏广布。

用途 优良牧草。

糙毛仲彬草 *Kengyilia hirsuta*（Keng）J. L. Yang，C. Yen et B. R. Baum

| 科名 | 禾本科 Gramineae | 属名 | 以礼草属 *Kengyilia* |

植物学特性　多年生草本。植株具根头，嫩枝基部常倾斜横卧；秆基部具鞘，分蘖，坚硬直立，高 40~70cm，具 2~3 节，第 2 节有时膝曲。叶片质较厚，扁平或边缘内卷，长 6~9cm，宽 3~5mm。穗状花序直立，长 3~8cm，宽 7~10mm，淡绿色或淡紫色；颖卵状长圆形，淡绿色，先端渐尖或具短尖头。

生境　山坡草地、河滩地。

分布　西藏南部。

用途　优良牧草。

梭罗草 *Kengyilia thoroldiana*（Oliv）J. L. Yang，C. Yen et B. R. Baum

科名　禾本科 Gramineae　　　　　　　　　属名　以礼草属 *Kengyilia*

植物学特性　多年生草本，植株低矮，密丛，高 12~15cm，具 1~2 节。叶片内卷，长 2~5cm，宽 2~3.5mm，上面及边缘粗糙，近基部疏生软毛，下面平滑无毛。穗状花序长卵圆形，长 3~4cm；小穗紧密排列而偏于一侧，具有柔毛，尤以上部为多。

生境　山坡草地或半荒漠；海拔 4700~5100m。

分布　西藏西部。

用途　优良牧草。

赖草 *Leymus secalinus*（Georgi）Tzvel.

科名	禾本科 Gramineae	属名	赖草属 *Leymus*

植物学特性　多年生草本，高 40~100cm。具横走和直伸根茎，3~5 节。叶片常内卷且质地较硬。小穗轴多少扭转，致使颖与稃体位置改变而不在一个面上，小穗 2~3 生于每节，含数小花，颖具 3~5 脉；外稃披针形，先端渐尖，具长 1~3mm 的芒。

生境　沙地、绿洲及山地草原带。

分布　西藏广布。

用途　优良牧草；药用有清热利湿、止血之功效，主治感冒、淋病、赤白带下、哮喘、鼻出血、痰中带血等症。

芒颖大麦草 *Hordeum jubatum* L.

| 科名 | 禾本科 Gramineae | 属名 | 大麦属 *Hordeum* |

植物学特性　越年生草本。秆丛生，直立或基部稍倾斜，平滑无毛，高 30~45cm。叶片扁平，粗糙，长 6~12cm，宽 1.5~3.5mm。穗状花序柔软，绿色或稍带紫色，长约 10cm，穗轴成熟时逐节断落。

生境　路旁或田野。

分布　西藏中部、南部至东南部。

用途　陆生观赏；可做牧草。

发草 *Deschampsia cespitosa* （L.） P. Beauv.

| 科名 | 禾本科 Gramineae | 属名 | 发草属 *Deschampsia* |

植物学特性　多年生草本。秆丛生，直立或基部稍膝曲，高 30~80cm，2~3 节。叶鞘上部者短于节间，无毛，叶舌膜质，叶片纵卷或平展，长 3~7cm，宽 1~3mm。圆锥花序开展，多下垂，长 10~20cm，小穗具 2 小花，长 4~4.5mm，草绿色或褐紫色。

生境　潮湿处、河岸两旁或农田水渠边。

分布　西藏南部。

用途　优良牧草；编织草帽。

棒头草 *Polypogon fugax* Nees ex Steud.

| 科名 | 禾本科 Gramineae | 属名 | 棒头草属 *Polypogon* |

植物学特性　一年生草本。秆丛生，高10~75cm，4~5节，基部膝曲，光滑。叶舌长圆形，长3~8mm，膜质，顶端具2裂或不整齐裂齿；叶片长2.5~15cm，宽3~4mm。穗状圆锥花序，长圆形，有间断，颖长圆形，先端2浅裂，芒微粗糙。

生境　田边或潮湿处。

分布　西藏中部至南部。

用途　优良牧草。

菵草 *Beckmannia syzigachne* (Steud.) Fern.

科名　禾本科 Gramineae　　　　　　　属名　菵草属 *Beckmannia*

植物学特性　一年生草本。秆直立，高 40~70cm，具 2~4 节。圆锥花序长 10~20cm，分枝稀疏，直立或斜升，小穗扁平，圆形，灰绿色，常含 1 小花，长约 3mm，颖草质；边缘质薄，具淡色的横纹；外稃披针形，具 5 脉，常具伸出颖外短尖头。颖果黄绿色。

生境　水沟边及浅的流水中。

分布　西藏南部。

用途　牧草；籽粒药用有清热、利胃肠、益气功效，主治感冒发热、食滞胃肠、身体乏力等症。

长芒草　*Stipa bungeana* Trin.

| 科名 | 禾本科 Gramineae | 属名 | 针茅属 *Stipa* |

植物学特性　多年生草本。秆丛生，基部膝曲，高 20~60cm。叶鞘光滑无毛或边缘具纤毛。圆锥花序为顶生叶鞘所包，成熟后渐抽出，长约 20cm，小穗灰绿色或紫色；两颖近等长，有膜质边缘，长 9~15mm，有 3~5 脉，先端延伸成细芒；芒两回膝曲扭转，有光泽，第 1 芒柱长 1~1.5cm，第 2 芒柱长 0.5~1cm，芒针长 3~5cm，稍弯曲。

生境　石质山坡或河谷阶地。

分布　西藏中部。

用途　优良牧草。

丝颖针茅　*Stipa capillacea* Keng

| 科名 | 禾本科 Gramineae | 属名 | 针茅属 *Stipa* |

植物学特性　多年生草本，高 20~50cm，2~3 节，有时膝曲。叶片纵卷如针状。圆锥花序紧缩，常伸出叶鞘外，顶端的芒常互相扭结如鞭状，长 14~18cm；小穗淡绿色或淡紫色；盘尖锐，长约 2mm，密生柔毛，芒两回膝曲，扭转，第 1 芒柱长 1~2cm，第 2 芒柱长 0.6~1cm，芒针长约 6cm，常直伸，芒全部具微毛或其芒针具长约 0.5mm 的细刺毛。

生境　高寒灌丛、草甸或河谷地；海拔 3700~5000m。

分布　西藏广布。

用途　优良牧草；秆、叶可做造纸或人造棉的原料。

紫花针茅 *Stipa purpurea* Griseb.

科名	禾本科 Gramineae	属名	针茅属 *Stipa*

植物学特性　多年生草本，高 20~50cm，1~2 节。叶片纵卷如针状，基生叶长为株高的 1/2。小穗紫色；颖宽披针形，长 1.3~1.7cm，边缘白色膜质，先端芒状，3 脉；外稃长 0.8~1cm，背部散生细毛，二回膝曲，扭转，芒全部具羽状毛；具长 2~3mm 白色长柔毛。

生境　高寒草原砂砾地或山前洪积扇；海拔 4500~5000m。

分布　西藏西北部。

用途　优良牧草。

稗

Echinochloa crus-galli （L.） Beauv.

科名	禾本科 Gramineae	属名	稗属 *Echinochloa*

　　植物学特性　一年生草本，高 40~90cm。茎部斜叶膝曲；叶鞘平滑无毛；叶舌缺；叶片扁平，线形，长 10~30cm，宽 6~12mm。圆锥花序狭窄，长 5~15cm，宽 1~1.5cm，小穗卵状，长 4~6mm；脉上具刚毛或有时具疣基毛，芒长 0.5~1.5cm。

　　生境　沟边或田野水湿处。

　　分布　西藏广布。

　　用途　优良牧草；可做饭食，益气宜脾。

光头稗 *Echinochloa colona* （L.） Link

| 科名 | 禾本科 Gramineae | 属名 | 稗属 *Echinochloa* |

植物学特性　一年生草本，高 10~60cm。叶鞘压扁而背具脊，叶舌缺；叶片扁平，线形，长 3~20cm，宽 3~7mm。圆锥花序狭窄，长 5~10cm；小穗卵圆形，长 2~2.5mm，具小硬毛，无芒，较规则地成 4 行排列于穗轴一侧。

生境　路边、湿地或田野。

分布　西藏东南部。

用途　优质牧草；籽粒含淀粉，可制糖或酿酒。

狗尾草 *Setaria viridis* (L.) Beauv.

科名 禾本科 Gramineae　　　　　　　**属名** 狗尾草属 *Setaria*

　　植物学特性　一年生草本。秆直立或基部膝曲，高 10~100cm。叶鞘松弛，疏具柔毛，边缘具较长的密绵毛状纤毛；叶片扁平，长三角状狭披针形。圆锥花序紧密呈圆柱状或基部稍疏离，小穗 2~5 个，簇生于主轴上或更多的小穗着生在短小枝上，椭圆形。

　　生境　道路旁或河谷多石滩。

　　分布　西藏广布。

　　用途　可做饲草；药用治痈瘀、面癣。

西藏须芒草 *Andropogon munroi* C. B. Clarke

科名 禾本科 Gramineae　　　　　　　**属名** 须芒草属 *Andropogon*

　　植物学特性　多年生草本。秆高 40~60cm，纤细，圆柱形，单生或上部稀疏分枝。叶鞘具条纹，平滑而无毛；叶片线形，长 15~25cm，宽 2.5~4mm。总状花序常 4~8，孪生或指状，着生于主秆或分枝顶，长 2.5~7.5cm，小穗带紫红色；鞘状佛焰苞狭长；第 1 颖光滑无毛，具 7~9 脉，第 2 颖具 3 脉，中脉上具短纤毛。

　　生境　山坡草地；海拔 3600~4500m。

　　分布　西藏中部、南部。

　　用途　优良牧草。

水葱　*Schoenoplectus tabernaemontani*　(C. C. Gmel.) palla

科名	莎草科 Cyperaceae	属名	水葱属 Schoenoplectus

植物学特性　多年生草本。秆圆柱状，高 50~100cm，平滑。基部叶鞘 3~4，鞘长达 38cm；叶片线形，长 5~8cm，苞片为秆的延长，直立，钻状。长侧枝聚伞花序简单复出，小穗单生或 2~3 枚簇生辐射枝顶端，卵形或长圆形。小坚果倒卵形或椭圆形。

生境　浅水沼泽区域；海拔 3000~3800m。

分布　拉萨、山南。

用途　涵养水源；栽培观赏；编席子的材料。

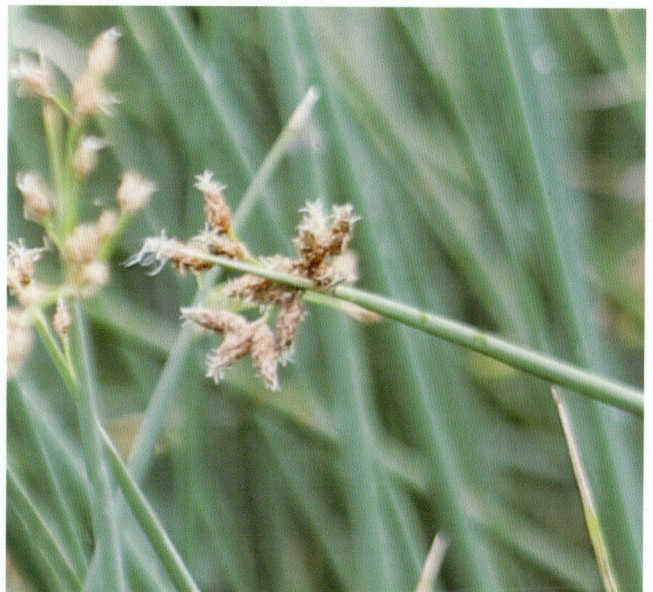

华扁穗草 *Blysmus sinocompressus* Tang et Wang

科名 莎草科 Cyperaceae　　　　　　**属名** 扁穗草属 *Blysmus*

植物学特性　多年生草本。有短的匍匐根状茎，根状茎长 1~1.5cm，直径 1.5~2mm，在各节上生根。秆散生，扁三棱形，高 5~20cm。叶平展，短于秆；苞片叶状，常常高出花序。穗状花序 1 个，长 10~20mm，宽 4~6mm；小穗呈 2 列，最下一个小穗常远离，小穗宽倒卵形，平凸状。

生境　高寒沼泽草甸、溪流两旁或湖泊边缘浅水区域。

分布　喜马拉雅山脉沿线。

用途　优良牧草；涵养水源。

少花荸荠 *Eleocharis quinqueflora* （Hartm.） O. Schwarz

科名 莎草科 Cyperaceae   **属名** 荸荠属 *Eleocharis*

植物学特性　多年生草本。具细的匍匐根状茎，直径 1mm。秆多数，密丛型，秆细而劲直，灰绿色，高 20~30cm。叶缺，只在秆的基部有 1~2 叶鞘。小穗卵形或球形。小坚果倒卵形，平凸状，长 2mm，灰色微黄，平滑。

生境　河漫滩阴湿处沼泽化草甸、浅水沼泽区域。

分布　拉萨、日喀则、山南。

用途　球茎富淀粉，供生食、熟食或提取淀粉；也供药用，开胃解毒、消宿食、健肠胃。

高山嵩草　*Carex parvula* O. Yano

科名　莎草科 Cyperaceae	属名　薹草属 *Carex*

植物学特性　多年生草本，密丛型，高 1~3cm。秆矮小。叶与秆近等长，线形，腹面具沟。穗状花序，卵状矩圆形，长 3~6mm，宽 2~3mm。小坚果倒卵状椭圆形，扁 3 棱，暗褐色，长 1.5mm。

生境　高寒草甸；海拔 3700~5400m。

分布　西藏广布。

用途　优良牧草；水土保持。

康藏嵩草　*Carex littledalei*（C. B. Clarke）S. R. Zhang

科名　莎草科 Cyperaceae　　　　　　**属名**　薹草属 *Carex*

植物学特性　多年生草本，密丛型，高 10~40cm。秆坚硬，钝三棱形，粗 2mm。叶短于秆，呈针状，腹面有沟。穗状花序长圆形，长 2cm，直径 3.5~5.5mm；顶生小穗雄性，侧生小穗雄雌顺序，黄褐色。小坚果长圆形，具 3 棱，长 2.5mm。

生境　高山草甸或高寒沼泽草甸；海拔 4200~5400m。

分布　西藏广布。

用途　优良牧草；涵养水源。

不丹嵩草 *Carex bhutanensis* S. R. Zhang

科名	莎草科 Cyperaceae	属名	薹草属 *Carex*

植物学特性 多年生草本，密丛型，高 8~15cm。秆钝，三棱形，光滑。叶丝状，坚挺。穗状花序较窄，长 1.5cm，小穗排列紧密，每小穗含 1 小花。小坚果长圆形，顶端略宽，长 2mm，具短喙。

生境 高寒草甸或山坡砂砾地；海拔 4100~5300m。

分布 西藏中部和南部。

用途 优良牧草。

喜马拉雅嵩草 *Carex kokanica*（Regel）S. R. Zhang

科名 莎草科 Cyperaceae　　　　**属名** 薹草属 *Carex*

植物学特性　多年生草本，疏丛型，高 10~60cm。秆三棱形，光滑，粗 1.5~2mm。叶对折呈"V"字形，叶短于秆，宽 3~6mm。圆锥花序紧缩呈穗状，长圆形，长 2~4cm，粗 6~12mm。小坚果倒卵状披针形，先端具短喙。该种在不同海拔间植株变异较大，在高山处植株矮小，小穗短，呈卵形，类似于矮生嵩草；在低海拔处植株较高大，小穗长圆形。

生境　高寒草甸、沼泽草甸、河漫滩或平缓山顶；海拔 3700~5300m。

分布　西藏广布。

用途　优良饲草。

大花嵩草　*Carex nudicarpa*（Y. C. Yang）S. R. Zhang

科名	莎草科 Cyperaceae	**属名**	薹草属 *Carex*

植物学特性　多年生草本。具细长匍匐根状茎。秆钝三棱形，高 6~20cm。叶短于秆，呈"V"字张开，宽 1.5~3mm。圆锥花序紧缩成卵状长圆形，长 1~2cm；小穗密生，椭圆形，长 4~7mm，小穗雄雌顺序，顶生雄性；鳞片长圆状披针形，长 4~5mm，顶端渐尖，膜质，两侧褐色。小坚果卵圆形或宽椭圆形，平凸状，长 2mm。

生境　高寒草原、河漫滩或山坡草地；海拔4000~5100m。

分布　西藏中西部。

用途　优良饲草。

粗壮嵩草 *Carex sargentiana*（Hemsl.）S. R. Zhang

| 科名 | 莎草科 Cyperaceae | 属名 | 薹草属 *Carex* |

植物学特性　多年生草本，密丛型，高 15~40cm。叶短于秆，对折，宽 1~2mm，坚硬，腹面有沟，通常秆与叶向一侧弯曲呈弧形。花序简单穗状，圆柱状，粗壮，长 2.8~8mm，粗 7~10mm，先出叶囊状，厚纸质，褐色；顶生小穗雄性，侧生雄雌顺序。小坚果椭圆形，具 3 棱，棱面微凹，长 3~5mm。

生境　高寒草原或高寒荒漠草原；海拔 4000~4800m。

分布　西藏藏西部。

用途　优质牧草；水土保持。

沙生薹草　*Carex praeclara* Nelmes

科名	莎草科 Cyperaceae	属名	薹草属 *Carex*

　　植物学特性　多年生草本。根状茎匍匐，粗壮。秆高 20~30cm，三棱形，稍坚硬，基部具紫褐色的叶鞘。叶短于秆，宽 3~5mm，平张，顶端渐尖。小穗 3~8 个，密集呈头状花序，长圆形，小穗近无柄。小坚果倒卵状长圆形或椭圆形。

　　生境　山坡草地或沙质草地；海拔 4800~5700m。

　　分布　西藏西北部。

　　用途　优良牧草；固沙植物。

青藏薹草 *Carex moorcroftii* Falc. ex Boott

科名 莎草科 Cyperaceae　　　　　　　**属名** 薹草属 *Carex*

　　植物学特性　多年生草本。匍匐根状茎粗壮，外被撕裂成纤维状的残存叶鞘。秆高 7~20cm，三棱形，坚硬，基部具褐色分裂成纤维状的叶鞘。叶短于秆，宽 2~4mm，平张，革质。小穗 4~5 个，密生，顶生小穗 1 枚，雄性，圆柱形，仅基部小穗多少离生。小坚果倒卵形，长 2.3mm。

　　生境　高山灌丛草甸、高山草甸、湖边草地或低洼处；海拔 3400~5700m。

　　分布　那曲、拉萨、日喀则。

　　用途　优质饲草。

黄苞南星 *Arisaema flavum*（Forsk.）Schott

科名 天南星科 Araceae　　　　　　　　　　**属名** 天南星属 *Arisaema*

植物学特性　多年生草本，高 15~40cm。块茎小，近球形。叶片鸟足状分裂，裂片 5~10，先抽出花序后出叶片，叶柄长 5~15cm。雌雄同株，肉穗花序，下部具雌花，上部具雄花；佛焰苞长 2.5~6cm。果序圆球形，径 1.7cm，浆果干时黄绿色。

生境　碎石坡、灌丛中、路旁、荒地、田边；海拔 3000~4400m。

分布　西藏广布。

用途　块茎药用，藏医用以退烧、杀菌、杀虫。

雅灯芯草 *Juncus concinnus* D. Don

科名	灯芯草科 Juncaceae	属名	灯芯草属 *Juncus*

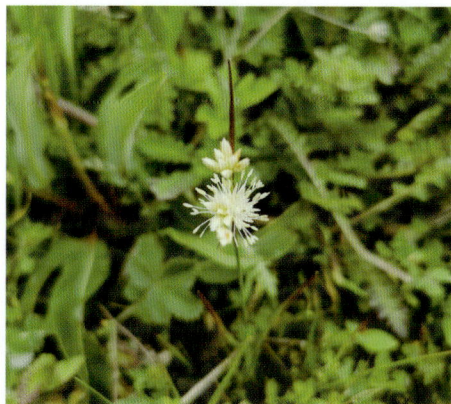

植物学特性 多年生草本，高 15~25cm。茎直立，圆柱形，直径 0.5~1mm，有明显纵条纹。叶片稍扁平或内卷呈圆柱状。花序常由 2~5 个头状花序组成，排列成聚伞状；花被片膜质，黄白色；叶状总苞片线状披针形，长 1~3.5cm。

生境 山坡林下、草地；海拔 2000~3900m。

分布 西藏南部。

用途 具清心火、利小便的功效，治尿少涩痛、口舌生疮等症。

蓝苞葱 *Allium atrosanguineum* Schrenk

科名	百合科 Liliaceae	属名	葱属 *Allium*

植物学特性 多年生草本，高 2~5cm。鳞茎单生，圆柱状。叶管状，中空，比花葶短，宽 2~4mm。花葶高度变化很大，矮的 2~5cm，高的可达 60cm，花葶圆柱状，中空；花黄色，后边红色和紫色；花丝比花被片短。

生境 高寒草甸或草原；海拔 3800~5400m。

分布 那曲全境。

用途 食用。

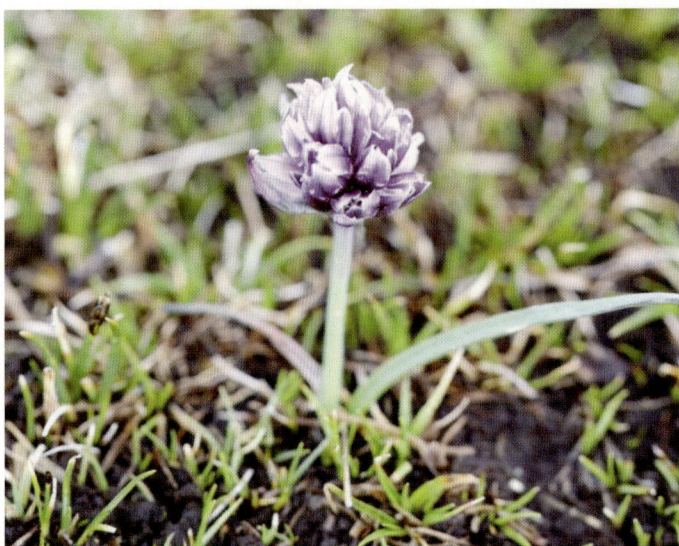

高山韭 *Allium sikkimense* Baker

| 科名 | 百合科 Liliaceae | 属名 | 葱属 *Allium* |

植物学特性　多年生草本。叶条形、扁平，短于花葶，宽 2~5mm。花天蓝色，花丝比花被片短，花被片卵状矩圆形，内轮边缘常具小齿。

生境　山坡草地、草地、林缘或灌丛下；海拔 3600~5000m。

分布　那曲、日喀则、拉萨、阿里。

用途　食用、佐料；具补中焦、调补脾胃、补肾作用。

粗根韭 *Allium fasciculatum* Rendle

科名 百合科 Liliaceae	属名 葱属 *Allium*

植物学特性 多年生草本。根粗壮，近块根状。鳞茎单生，外皮淡棕色，呈平行的纤维状。叶3~5枚，条形，扁平。花白色；花被片等长，披针形，长4.5~6mm，宽1.4~2.2mm，基部常呈圆形扩大。

生境 沙质草地或山坡；海拔3800~5400m。

分布 西藏中部和南部。

用途 幼叶可供食用。

穗花韭 *Allium spicatum*（Prain）N. Friesen

科名　百合科 Liliaceae　　　　　　　　　属名　葱属 *Allium*

植物学特性　多年生草本，高 10~25cm。叶剑形，宽 1~4mm，下部的叶鞘互相套迭。花葶从叶丛中央抽出，具密穗状花序；花序基部有 1 总苞片，花小，淡紫色；花丝伸出花被片外。

生境　含沙质的草地、山坡、灌丛中或松林；海拔 3600~4800m。

分布　西藏南部。

用途　叶可食用。

西藏天门冬　*Asparagus tibeticus* Wang et S. C. Chen

科名	百合科 Liliaceae	属名	天门冬属 *Asparagus*

植物学特性　半灌木，近直立，多刺，高 30~60cm。茎具不明显的条纹，常有纵向剥离的白色薄膜，茎上的刺长 4~6mm。叶状枝每 4~7 枚成簇生。鳞片状叶基部具稍弯曲的硬刺雄花每 2~4 朵腋生，紫红色。

生境　河滩、路旁或村寨边；海拔 3800~4000m。

分布　拉萨、墨竹工卡、仁布、林周。

用途　根块具有滋阴降火、润燥生津、养肺止咳等功效。

卷叶黄精 *Polygonatum cirrhifolium*（Wall.）Royle

科名 百合科 Liliaceae　　　　　　**属名** 黄精属 *Polygonatum*

植物学特性　茎高 30~60cm。叶通常每 3~6 枚轮生，稀对生或互生，叶细条形至条状披针形，长 4~12cm，先端拳卷或弯曲成钩状，边常外卷。花序腋生，通常具 2 花，总花梗长 3~10mm，俯垂；花被淡紫色，全长 8~11mm。浆果球形。

生境　高寒草甸或林下；海拔 2000~4000m。

分布　西藏东部和南部。

用途　根状茎具有补中益气、补精髓、滋润心肺、生津养胃的功效。

卷鞘鸢尾 *Iris potaninii* Maxim.

| 科名 鸢尾科 Iridaceae | 属名 鸢尾属 *Iris* |

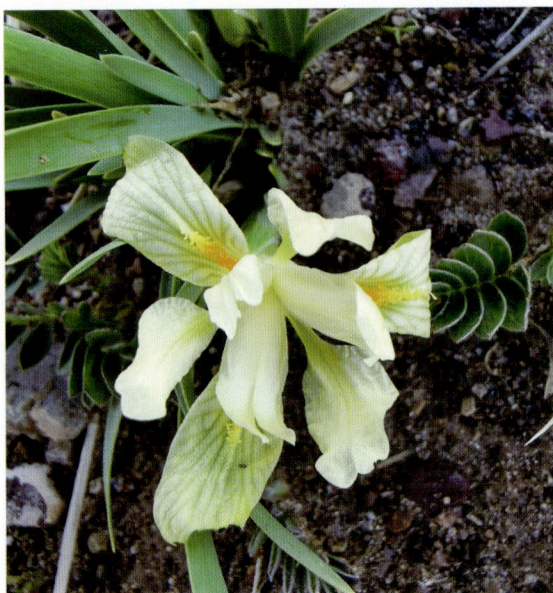

植物学特性 多年生草本。根状茎木质化，块状，极短。植株基部围有大量老叶叶鞘的残留纤维，毛发状，向外反卷；叶条形，花期叶长 4~8cm，宽 2~3mm。花黄色，直径约 5cm；花茎部伸出地面，花梗极短或无。蒴果椭圆形，顶端具短喙，成熟时沿室背开裂，顶端相连。种子梨形，棕色，表面具皱纹。

生境 高寒草原、石质山坡或干燥山坡；海拔 4000m 以上。

分布 西藏全境。

用途 观赏植物；种子有退热、解毒、驱虫作用。

蓝花卷鞘鸢尾 *Iris zhaoana* M. B. Crespo，Alexeeva et Y. E Xiao

科名	鸢尾科 Iridaceae	属名	鸢尾属 *Iris*

植物学特性 多年生草本。根状茎木质化，块状。植株基部围有大量老叶叶鞘的残留纤维，毛发状，棕褐色或黄褐色，向外反卷；叶条形，叶长 4~8cm，宽 2~3mm，果期叶长 20cm，宽 3~4mm。花茎极短，不伸出地面，基生 1~2 枚鞘状叶。花蓝色，直径约 5cm。蒴果椭圆形，顶端具短喙，成熟时沿室背开裂，顶端相连；种子梨形，棕色，表面具皱纹。

生境 高寒草原、石质山坡或干燥山坡；海拔 4000m 以上。

分布 西藏全境。

用途 观赏植物；种子有退热、解毒、驱虫作用。

广布小红门兰   *Ponerorchis chusua* (D. Don) Soó

科名	兰科 Orchidaceae	属名	小西兰属 *Ponerorchis*

植物学特性　陆生兰，高 5~15cm。块茎矩圆形，肉质。茎直立，圆柱状。叶多为 2~3 枚，长 3~10cm，宽 1~3cm，叶之上不具或具有 1~3 枚小的披针形苞片状叶。花序具 3~20 朵花，多偏向一侧，花紫红色或粉红色。

生境　高山灌丛草地、沟谷草地或高山草甸。

分布　西藏东南部至南部。

用途　观赏植物；块茎具清热解毒、补肾益气、安神的功效。

拉丁名和中文名索引

R